加賀藩の林政

山口隆治著

はじめに

加賀藩は、天正九年（一五八一）に前田利家が創設した外様大藩である。同藩は、加賀・能登・越中三か国を領有し、その石高は、徳川幕府を除けば全国第一位（一〇二万石）であった。領内には広大な耕地とともに領土の大半をしめる山地が広がっていたものの、藩政における林政の位置付けは低く、林政は藩政の中心であった農政との関連で展開された。この加賀藩の林政に関する研究は、若林喜三郎氏が『加賀藩農政史の研究』の中で指摘したように、かつては「もっとも研究の後れている分野の一つで、系統的な研究報告も乏しかった。そのような状況をうけて、昭和五〇年代以降、林政史研究が進展し、『富山県史・通史編Ⅲ』『加賀藩流通史の研究』や『石川県林業史』が著され、筆者も『加賀藩林野制度史の研究』や『加賀藩山廻役の研究』などを刊行した。

その過程で、「江戸時代の木材（林産物）生産量はどのくらいだったか」という疑問を強く持つようになった。江戸時代には城下町建設や寺社・住宅建築などの建築用材、道路・河川工事用などの土木用材、火災・水害などの罹災復旧用材、漆器用材、生活用や製塩・

製陶用などの燃材（薪・木炭）をはじめ多くの木材需要があった。こうした木材需要の増加に伴って森林伐採がすすみ、一七世紀にその情況をみた儒学者の熊沢蕃山は、『大学或問』（一六八七年）の中で「天下の山林十に八尽く」と慨嘆した。また、千葉徳爾氏の『はげ山の文化』によれば、江戸後期に製塩地や製陶地では当該産業に必要な燃材の伐採により、しばしば山林が荒廃した。一方、この点に関連してアメリカを代表する歴史学者であるコンラッド・タットマン氏は、『日本人はどのように森をつくってきたのか』の中で、一八世紀に職業的な農学者、諸国を巡る篤志家、民間の林業者、幕府や大名の山奉行などにより植林が展開された結果、一九世紀までに森林システムが形成され、木材の持続的な供給に役立ったと述べている。

加賀藩では江戸初期に、金沢・七尾・小松・大聖寺・富山・高岡城などの新築・修築に多大な木材が利用された。また、輪島塗・山中塗・金沢塗・城端塗などの漆器用材や生活用の燃材、藩専売品の塩の生産用燃材（塩木）、製陶用燃材としての需要も多かった。このほか、油桐・竹・楮・桑・櫨・桑などの林産物の需要もあった。

本書では、『加賀藩史料』『日本林制史資料・金沢藩』『日本林制史調査資料・金沢藩』、および『各郡誌』『市町村史』や「在地史料」などを利用し、加賀藩の林政を、木材の生産および流通・利用の状況とあわせて考察する。具体的に、第一部「林政」では、第一章で藩有林と民有林、第二章で山林役職、第三章で植林について考察する。それを踏まえて、第二部「木材生産」では、第四章で用材（建築土木材・漆器用材）、第五章で燃材（日用薪炭・製塩燃材・陶器燃材）、第六章でその他林産物（竹材・油桐・漆木）をとり上げる。木材の生産量を明確にすることは、資料的制約から困難であるが、資料を丹念にひろいながら木材の生産および移出入状況を考察し、加賀藩林政の全体像を再検討してみたい。なお、生産量が全く分からない木材については、『石川県統計書』『石川県山林誌』『富山県統計書』『林業の普及二十年』『日本帝国統計年鑑』『農商務統計表』などにより明治期の石川・富山両県の生産量を参考に示した。

筆を措くに際し、北條浩氏（元帝京大学教授）、青野春水氏（元広島大学教授）をはじめ、多くの方々から御援助・御教示を得たこと、また出版にあたっては桂書房の勝山敏一氏に一方ならぬお世話になったことを深く感謝する次第である。

二〇一八年九月二〇日

著　者

目次

【第二部】 木材生産

図表一覧

【第一部】

【第二部】

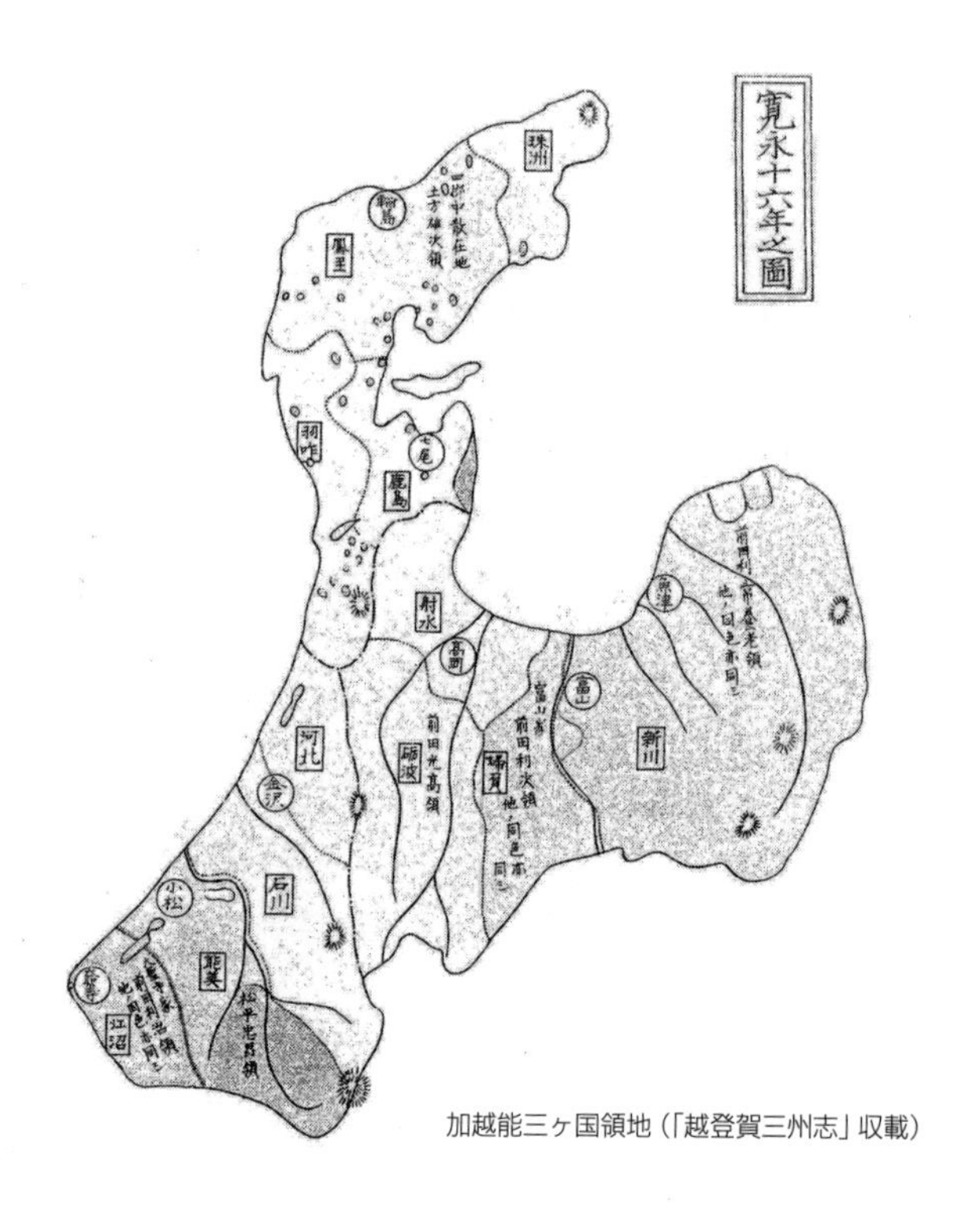

加越能三ヶ国領地（「越登賀三州志」収載）

【第一部】林　政

第一章　藩有林と民有林

第一節　御林山

近世の林野は、領主が直轄した幕府や諸藩の御林山（御留山）と、寺社が所有した寺社林、村や村々が山手米・山銭（山役）を上納し用益・管理した百姓持山（百姓林・百姓山）とに大別された。この三種のほかに、無主の奥山（解放林）があった。奥山は領主権力の範囲内にあったので、林野資源が後退するにつれて御用材や払い下げ材に伐採された。領主は良材の払底が著しくなってくると、この種の林野をはじめ個人が所有する林野に対しても禁木制を施行し、有用樹種を保護木に指定してその伐採を制限した。今日の村共有林の前身に当たる林野は、百姓持山とこの解放林の一部からなり、百姓持山を個々に分割したものか、個人の所持林として認められたもののいずれかであった。

幕府は寛文期（一六六一～七二）から荒廃林の復旧施策に本腰を入れ、留山や伐採禁止木（停止木・五木・七木）の制度をはじめ、御林山（領主直轄林）の創設・増設、山林管理および伐木制限の強化、植樹造林の勧奨など林政改革を実施した。幕府領における「御林」の史料的所見は、慶長一八年（一六一三）に徳川頼房（家康一一男）が発布した常陸国信太郡江戸崎の伐採再禁止令で、「江戸崎御林ニおいて木を伐事、前々より堅御禁制之処、猥ニ伐採由太以曲事也」とある（『日本財政経済史料・第三巻』）。江戸崎御林は城塞防備林を目的として伐採を禁止したもので、その盗伐が相次いだため、老中から取締りを警告されたものだろう。御林山は林業経営を対象とした林業的御林と水源涵養林・風砂防止林など保安林を対象とした保安的御林に大別されたが、寛文期からは公共土木用材を中心とした御用木の恒久的確保を主目的に林業的御林が多く設定された。これは幕府領の山林地帯および林業適地に設定されており、御用木の不足は御林山周辺の囲い込みや新規御林山の増設を意味した。

江戸幕府は慶長・正保・寛文期と三回に亘り全国の御林を精細に調査し、これに基づいて「御林帳」（諸国御林帳・御林個所付帳）を作成した。御林帳には御林の所在・面積をはじめ、樹種の立木数・林相および林木伐採状況、木材市場（港津）までの輸送距離などが明細に記帳され、別に「御林絵図」が付帯された。御林帳の加除訂正は、御林奉行が各地の御林管理者たる郡代・代官・村役人らから提出された報告書に基づき行われた。幕府の代表的な御林には、飛騨国・大和国（吉野）・丹波国（山国郷）をはじめ、武蔵国（大滝山）・相模国（沢山・中原）・伊豆国（天城山）・遠江国（周智・榛原郡、大久保村）・信濃国（鹿塩・大河原山、野熊山、遠山、大島山、丹沢・野沢山）などにあった（『地方凡例録・上巻』）。

諸藩の直轄林は、御林山（仙台・米沢・会津・白河・新庄・高田・佐貫・羽黒・前橋・松本・松代・金沢・彦根・津・岡山・篠山・徳島・島原藩）、御山（盛岡・宇和島・福岡・小倉・臼杵・熊本藩）、御立（建）山（水戸・福井・鳥取・松江・広島・山口・人吉・佐賀・厳原・鹿児島藩）、御留山（名古屋・和歌山・高知藩）、御直山（秋田藩）、御本山（弘前藩）などと呼称された（『日本林制史資料・各藩』）。直轄林の木材は主に藩の用材となったが、火災・水害・震災などの災害時には地域農民に有償・無償で払い下げられた。直轄林には山手米・下草銭の軽租を課して下草や枯枝の採取を認めたもの、直轄林の保護・育成を委託された村方に対し無償で下草類の採取を許可したもの、御留山（封鎖林）と称して地域農民の立ち入りを許可しなかったものがあった。直轄林を地域農民に解放することを明山（明所山・平山）と呼んだ。

（一）加賀国の御林

加賀国では、慶長一八年（一六一三）に加賀藩主三代前田利常が江沼郡九谷村に禁止木の制札を建てた（『加賀藩史料・第弐編』）。

制札

右於此山松木・栗木以下剪り取事、堅令停止訖、若背此旨輩有之者、則可処厳科者也、
仍執達如件

慶長十八年二月二日　利常（判）

これは特定木（松・栗など）の伐採を禁じた留木制度（七木制度）に近いものの、「此山」（九谷山）と指定しているので、御林山の濫觴を示したものといえるだろう。今のところ、加賀国における「御林」の史料的所見は、万治二年（一六五九）の定書に「松材木・御林之竹御用之節」とあるものだろう（『日本林制史資料・金沢藩』）。ただ、これは「御林之竹」と記すように、御薮（御林竹薮）を指す。同年の覚書には石川郡瀬領・熊走・城力・押野村など御薮一一か所、河北郡琴・中尾・上平村など御薮六か所があったとある。また、翌年の覚書には石川郡八幡・押野・野田・瀬領村など御薮八か所があったと記すものの、場所は前年のものと異なっていた（『改作所旧記・上編』）。このように、加賀国では改作法の施行中に御薮が設置されて

おり、御林山も当然設置されていたものだろう。その後、貞享二年（一六八五）頃には石川郡日御子・太平寺・粟坂・江津村、河北郡小坂・菱池・上山・北袋村、能美郡寺井・符津・矢崎・今江村などに御林山が（『改作所旧記・中編』）、正徳元年（一七一一）には石川郡北袋・上山・小菱池・大菱池村などに御林山が、享保期（一七一六〜三五）には石川郡八幡・泉野・別所・井田村などに御林山が、同郡八幡・四十万・額谷・泉野村などに御藪が、寛政期（一七八九〜一八〇〇）には能美郡寺井・符津・矢崎・今江村などに御林山二三か所が、今江・荒木田村などに御藪二か所があった。また、寛政期（一七八九〜一八〇〇）には石川郡大桑・円光寺・米泉・有松村、河北郡今町・岸川・二日市・太田村などに御留山があった（『日本林制史資料・金沢藩』）。

御林山は藩の建築・土木用材や薪炭材をはじめ、火災・水害・震災など罹災時における農民の土木および家作用材などに利用された。河北郡清水村では安政四年（一八五七）四月の火災に際し、焼失した三〇七戸の復興用材として松木一七三四本の拝領願を提出していた。このとき、同村の農民は、延宝七年（一六七九）以来の規定に基づき一戸平均五、六本宛を与えられた（『金沢市史・資料編9』）。河北郡大樋村の小原屋七郎左衛門は、天明元年（一七八一）正月に河北郡の御林から松木一〇〇〇本を、同年三月に能州羽咋・鹿島・鳳至郡の御林から松木二〇〇〇本を、同年六月に石川郡吉野村の御林から松木九〇〇〇本を伐採し、小羽・批板・木呂・木炭などを生産した。もちろん、松木は搬出が不便な場所にあって、御用木にならないものであった（『加能越産物方自記』）。能美郡今江村の十村庄蔵は、天明元年（一七八一）に須天・今江・符津・矢崎村などに「御林仕立山」を設置することを条件に、松枝下しや下草刈りなどを別宮奉行に願い出て許可された。すなわち、別宮奉行は下人を置き厳重に御林山を取り締まること、松苗を厚い所から薄い所に植え替えすること、田地近く七、八間を御林山から除くこと、御林山の本道・作業道を幅二間ほどとすること、松枝を願人に下付することなどを条件に、庄蔵を御林仕立主付に任命した（『加賀藩史料・第九編』）。

石川・河北両郡には、江戸前期に御林山のほかに準藩有林の「松山」が置かれていた。松山は改作法の施行中に松が繁茂する松林を準藩有林としたものというが、もともと御林山を指していたものかも知れない。その後、元禄期（一六八八〜一七〇三）には能美郡今江・符津村など二か所、石川郡館・末・大桑村など七か所、河北郡涌波・長屋・角間村など七か所に松山があった（『日本林制史資料・金沢藩』）。松山は藩の御用材をはじめ、罹災時における農民の土木および家作用材、御城中・神社・寺院・御広式および御家中などの門松や、農民・町人・足軽などの枯松葉の採取地に利用された。藩は松山を管理する村に下草刈り・松枝下し・

蔭伐り・枯松葉掻きなどを認め、藩が松枝の半分を取り、残り半分を日用代として農民に与えていた。その後、藩は松枝葉を損松（立枯・根返・曲松など）とともに薪材に伐り、山林中に積んで置き、それらが乾いたら入札払いにした。松山は百姓持山の林相優れたものを指定したため、越中国と同様に「持山御林」とも呼ばれたが、その不取締りは御林山同様に、それを管理していた村（村役人）の責任となった（『改作所旧記・上編』）。

（二）能登国の御林

能登国の御林濫觴については、元和元年（一六一五）の定書に「用木之山、榜示定之内不伐採様堅可相改」とあるものだろう（『加賀藩史料・第弐編』）。これには御林の名称がみられないものの、三代利常が七尾城山の伐木を禁止したこと、用木確保のため榜示を設けていたことなどから、御林山の濫觴を示したものといえるだろう。その後、能登国では寛文期（一六六一〜七二）に御林山のほかに、口郡（羽咋・鹿島郡）に一三か所、奥郡（鳳至・珠洲郡）に二か所の鎌留御林があった。鎌留御林は諸藩の御留山・御囲山・御礼山・御入山などに相当し、城跡および山論地を指定したもので、御林山とは性格が異なっていた。前述のように、御林山は御藪とともに退転（たいてん）・出来（しったい）がかなりみられたものの、鎌留御林はほとんど変動がみられず、半永久的な支配を受けていた。藩は元禄七年（一六九四）に鎌留御林（往古御林・古来御林）のほかに、新に御林山（新御林）を設定し、さらに林相が優れた百姓持山を準藩有林の「字附御林」に指定した（『日本林制史資料・金沢藩』）。

正徳二年（一七一二）には奥郡宇出津・飯田村などに御林山が、同郡小間生・六郎木・上大沢・二又村などに御藪が、享保一三年（一七二八）には口郡一宮・福浦・古城・中嶋村などに御林山が、同一七年には奥郡に唐竹御藪八〇か所と矢篦竹御藪六四か所が、天明二年（一七八二）には口郡荻谷組に御林山五か所、新御林一一か所、唐竹御藪一二か所などがあった。御林山・新御林・字附御林などの規模は小さく、荻谷組の場合には、長さ一〇〇間・幅四〇間ほどのものを除けば、長さ三〇間・幅一〇間ほどのものが多く、ほとんどが松林や栗や雑木の交林であった。文化一一年（一八一四）には、口郡の御林山総数が一三七八か所で、この内鎌留御林が一三か所、新御林が九四か所、字附御林が一二七一か所あった（『日本林制史資料・金沢藩』）。

能登国の十村は寛政一二年（一八〇〇）に連名で「山方御仕法」を願い出て、翌享和元年に宇出津奉行から御林山・御藪の縮方、往古御林の縮方、一村一か所の御林山の設定、盗伐の規定、七木の伐採規定、寺社境内の竹木規定などを内容とする申渡書を受けた。つまり、十村は年貢米五〇〇石を手上高することを条件に、一村一か所以外の字附御林を百姓持山に戻すことを藩に願い出て許可された。そのため、能登国では「山方御仕法」の施行後に御林山が減少したが、これは村方の非常時に備えて置かれた「貯用林」によって補充された。貯用林は享和元年（一八〇一）に凶作用の村林として設置されたものの、その後は御林山同様に扱われるようになった。御林山・御藪の縮方では、風除松林の伐採禁止や普請用材（作小屋・用水・橋）の伐採禁止などが定められた（『日本林制史資料・金沢藩』）。このほかに、加越能三か国には、天保改革時に藩が町人・寺社から取り上げた「御縮山」（御取揚山・御仕法山）があって、十村が管理して郡方・用水方の費用に当てられた。御林山・貯用林などの管理は、「山方御仕法」の施行後に山奉行―山廻役の系列から郡奉行―十村に移り、七木の伐採は郡奉行の許可を得たうえで十村が極印を打って行われた。

第1表　能登国口郡の御林・御藪数（文化11年）

十村組	御林山	貯用林	唐竹御藪	矢篦竹藪
鵜　川	51	49	11	8
本　江	24	23	7	17
堀　松	39	41	9	36
三　階	50	46	12	7
笠　師	37	31	28	2
高　田	37	34	13	6
鰀　目	20	20	8	14
武　部	30	33	13	27
酒　井	20	16	10	1
能登部	14	11	26	6
計	322	304	137	124

※『日本林制史資料・金沢藩』（臨川書店）により作成。数は場所の数。

『加賀藩史料・第弐編』）。

（三）越中国の御林

越中国では、慶長一九年（一六一四）に三代利常が砺波郡井波村に流木の制札を建てた

河な見、なかれ木の奉行不出うちに、若よきを持出候事可為曲言、並井波山松林きり取もの、以来聞届候とも可成敗者也

庄　川

慶長十九年八月廿五日　　利　常（判）

これも特定山（井波山）の伐採を禁止していたことから、御林山の濫觴を示したものといえるだろう。慶長一四年（一六〇九）に二代利長が砺波郡井波村に建てた流木の制札には、前制札の「並井波山松林」以下の文言がないので、御林山は三代利常によって慶長末期に設定されたものだろう。今のところ、越中国における「御林」の史料的初見は、承応四年（一六五五）の上申書に「右三ヶ村としてくわノいん村ノ者共言上、今ほど彼御林ニ仕置申候」とあるものだろう（「藤井久征家文書」）。鞍骨村の御林山は古く「御城山御林」と称し、藩祖利家が越中国に入部した天正一三年（一五八五）から慶長一九年までの間に御林山に設定されたともいう。越中国では元和五年（一六一九）に砺波郡小院瀬見村の栗林を、寛永九

年（一六三二）に新川郡島尻村の竹林を「取立林」に指定し、地元農民を番人に置き監視させた（『富山県史・通史III』）。寛文元年（一六六一）には、砺波郡井波・年代・野尻野・次郎丸村などに御林山一〇か所が、山田野・浅地・鷹栖・伊勢領村などに御藪六か所が、東西原・林道・野口・樋瀬戸村などに持山林（百姓持山林）一一か所が、射水郡鞍骨村に御林山一か所が、市ノ宮・串岡・黒川村などに御藪四か所が、守山城跡・長坂村などに持山林二か所があった（『山廻役御用勤方覚帳』）。越中国でも改作法の施行中に御林山とともに、準藩有林の「持山林」を設定して、藩の御用材および罹災時における農民の土木や家作用材などに当てた。

御林山には松・栗・杉・樫・雑木が、御藪には唐竹が、持山林には松・栗・杉・雑木が多く生立していたが、これらは虫食・立枯・洪水・拝領などによって退転することも少なくなかった。御林山・持山林の退転・出来は、それらを管理する村（村肝煎）から提出された請書に基づき、最終的に算用場が決定したが、請書には山廻役の奥書と山奉行の署名が必要であった。御林山・持山林への指定編入には、領主と地元農民との間に取り決めがあって、農民側から請書を提出する形式をとっていた。元禄八年（一六九五）には、砺波郡徳万・次郎丸村の御林山および山田野・埴生村の御藪と、射水郡市ノ宮・串岡・黒川村の御藪が退転し、五ケ新・年代・大清水・戸出・高儀村の御林山が出来した。その後、砺波・射水両郡の御林山・御薮および持山林は、正徳六年（一七一六）や寛保三年（一七四三）および天明二年（一七八二）の御林帳においてもほとんど変動がみられず、寛文元年（一六六一）に指定された箇所数を維持していた。なお、砺波郡における御林山の樹種は天明二年に栗林が六か所、松林が六か所、杉林が一か所、松・栗林が三か所、松・杉林が二か所で、持山林は栗林が七か所、松林が三二か所、杉林が一か所、松・杉林が二か所あった（『山廻役御用勤方覚帳』）。新川郡には寛政四年（一七九二）に黒部奥山・常願寺川奥山・立山中山御林のほか、宝暦年間（一七五一～六三）には黒部谷続きの早月谷・片貝谷・小川谷などに準藩有林の「御預山」が九か所あった（「七木二係ル文書類」）。

砺波郡では、寛延二年（一七四九）に御林山・御藪・持山林が「村預り」によって管理されていた。同郡鷹栖村では、天明二年に御藪三九〇八歩を農民三一人の持高に応じて分割（最高二五〇歩、最低三〇歩）して管理していた。同郡樋瀬戸・広谷・香城寺村では、寛政二年（一七九〇）に持山林がほとんど雑木であったにもかかわらず、準藩有林の扱いを受け、毎年、山役銀を藩に上納していた（『山廻役御用勤方覚帳』）。藩は持山林の下草刈りを「村預り」の農民に認めたものの、御林山のそれを認めなかったため、農民は「蔓払い」と称して七木苗の周りだけ下刈りした。下刈りに参加できる地元農民は、村内に定住して貢租・夫役などを負担する本百姓で、この条件を欠く零細農民はそれを認められなかった。「村預り」の農民は、山火事の発生に際し、御林山は勿論のこと持山林についても周辺の農民とともに消火に当たった。なお、村が寺社に寄進した「寄進山」も、寺社領高・拝領屋敷などとともに地元農民によって管理されていた。

広大な面積を有した御林山は越中国に多く、特に新川郡の黒部奥山・常願寺川奥山・立山中山などが有名で、砺波郡の井波御林（一三万四〇〇〇歩）・増山御林（一七万七〇〇〇歩）・小院瀬見御林（一万二五〇〇歩）・今石動御城跡御林（二万歩）、射水郡の鞍骨御林（二万歩程）などが続いた。能登国では、口郡の古来御林の一つ末森御城跡御林（八万一〇〇〇歩）が有名であった。嘉永元年（一八四八）には、奥郡の村々から野毛・無地・山方平地などを、安政二年（一八五五）には、奥郡・口郡の村々から御林山の伐採跡・空地および生木地（百姓持山との替地）などを新開地にする願書が十村宛に出された（『日本林制史資料・金沢藩』）。

御林山・御藪などは、幕末期に藩の統治能力が弱体したこともあって、準藩有林や百姓持山などの明確な区別がなくなった。藩（算用場）は慶応三年（一八六七）に七木を三州で統一すること、一村一か村以外の御林山を百姓持山とすること、普請用材の下付を廃止すること、寺社境内の山林を稼山とすることなどを旨とする「山方御仕法」を発令した。

明治政府は、明治二年（一八六九）に幕藩領主の直轄林を官有林に編入し、翌年に保安林および百姓持山を除き、御林山を農民・町人・士族・卒族・寺社などの一般人に払い下げた。残った御林山は、所有が確証しない林野とともに官有林に編入され、今日の国有林の基礎をなした。このとき、入会林野の一部も、農民が地租を賦課されることを恐れて所有権を主張しなかったので、官有林に編入された。また、農民が近代的所有権の意味を充分に理解できず、入会林野の官有林編入後も従来通り利用が認められると判断して、自ら進んで官有林への編入を申し出た場合も少なくなかった。その結果、林野の官民有区分事業がほぼ終了した明治二二年（一八八八）には、七七〇万町歩の林野が官有化され、台帳面積の過半を占めるに至った（『日本林制史資料・金沢藩』）。

（四）盗伐の取締り

幕藩では、早くから直轄林および民有林の留木を盗伐した者を死罪・禁牢などに処してきたが、享保期（一七一六～三五）からは追放や過料が一般的となった。加賀藩では、藩有林・準藩有林および民有林の七木を盗伐した者を死罪・禁牢や村追放を命ずるとともに、盗伐者を出した村に対し「一作免一歩」（一作に租米一歩の増免）を課した。頭振（水呑百姓）が盗伐した場合には、延宝八年（一六八〇）から定検地所（公事場）に引き渡され、赦免後も里子百姓（軽犯罪者）として諸事の労役に当てられた。なお、支藩の大聖寺藩では、松木の盗伐者が寛文期（一六六一〜七二）まで処刑場で磔に処せられていた（『秘要雑集』）。

鳳至郡荻嶋村の庄左衛門は、明和九年（一七七二）に同村の字附御林から松木を盗伐して足軽山廻に逮捕され、金沢の町会所で禁牢を命じられた。このとき、過怠免四〇六匁八分三厘は、村肝煎分二〇匁三分四厘、組合頭分一六匁二分八厘、百姓分三七〇匁二分二厘（内五〇匁本人）の内訳で支払われたが、庄左衛門は持高を切高し、自村・他村の親戚縁者から金子を借りて支払った。盗伐者を出した村が自ら出訴した場合には、文化二年（一八〇五）頃から過怠免五厘を免除され、盗伐者を差し出した場合は残り五厘も免除された。その後、村追放は廃止されたものの、一作免一歩は明治まで継続された（『日本林制史資料・金沢藩』）。

越中国では、享保期に七木盗伐の罰則規定を次のように定めていた（『菊池文書』）。すなわち、御林山と持山林では盗伐者が禁牢一〇〇日、村肝煎が同二〇〇日、村役人が手鎖二〇日、村方が過怠免を、百姓持山では盗伐者が禁牢七〇日、村肝煎が同一〇〇日、村役人が外出禁止三〇日、村方が過怠免を、自分持山では盗伐者が禁牢五〇日、村肝煎が同五〇日、村役人が外出禁止二〇日を、垣根林では盗伐者が禁牢五〇日、村肝煎が同五〇日、村役人が外出禁止二〇日を課された。砺波郡では、寛政元年（一七八九）に垣根七木の盗伐者に対し禁牢を命じたものの、一作免一歩を免除していた。新川郡では、寛政期（一七八九～一八〇〇）に自分持山や寺社領の盗伐者についても一作免一歩を課していた（『砺波郡七木縮之覚』）。

足軽山廻・百姓山廻は、手荒な方法で盗伐者を逮捕することを藩が容認していたため、逮捕に際し殺傷することもあった。石川郡長国寺町の五郎兵衛は、元禄三年（一六九〇）に盗伐した松木を担いで百姓持山から出て来たところを足軽山廻に逮捕され、耳鼻を削ぎ落とされたうえで村追放を命じられた。百姓山廻は盗伐者の逮捕に際し些か遠慮があったようで、足軽山廻の逮捕件数に比べて極めて少なかった。ちなみに、延享三年（一六七五）の松木盗伐八件（加賀国）は、すべて三人グループに分かれた足軽山廻であった。ともあれ、御林山・準藩有林および百姓持山の七木（特に松木）などの盗伐者は増加の傾向にあり、元禄九年（一六九六）だけでも領内に盗伐人が約八〇〇人もいた（『加賀藩御定書・後編』）。御林山・御薮・準藩有林および百姓持山の七木などを管理する村では、盗伐の監視のため一村申し合わせて山番人を置くこともあった。山番人は「山番与申名目而已ニ而相廻り不申躰」と（『日本林制史資料・金沢藩』）、盗伐の監視を十分に果たし得ない場合、籠舎を命じられることもあった。この不始末は、当然ながら村役人の管理不行届ともなった（『御領国七木之定』）。なお、石川郡末村の百姓山廻太郎右衛門は、延享元年（一七四四）に過分に松木を伐採・売買したため、梟首の重罰に処せられた（『加州郡方旧記』）。

第二節　百姓持山

慶長八年（一六〇三）の定書には「一、材木商売之儀、自今以後一所に而可改之事」とあり（『加賀藩史料・第壱編』）、二代前田利長は金沢市中の材木売買改めを泉野新町に一任していた。このことは、加賀国に農民が自由伐採して商品化できる百姓稼山（渡世山・家業山）があったことを示すものだろう。また、元和元年（一六一五）の定書には「一、従能州、分国中へ商売相越候材木舟之事、能州於浦々相改、三輪藤兵衛・大井久兵衛切手次第可致出舟、於加州・越中右之材木舟相着候者、其浦々肝煎藤兵衛・久兵衛切手相改取替可申事」とあり（『日本林制史資料・金沢藩』）、この頃能登国にも百姓稼山があった。能登国の木材は加賀藩領内に限って販売されたもので、他国へ津出されることはなかった。百姓稼山は販売用木材・薪炭などを生産する山林であり、一般の入会林野とは性格が異なった。ただ、村々では百姓持山の一部を期間を定めて木材商などに卸したので、百姓稼山を単に「百姓持山」と呼ぶことがあった。

加賀藩では、天正一三年（一五八五）年以来、山地子銭（山銭・山年貢）を上納した村に入会林野の入会権（利用権）を認めていた。越中国では同年に二代利長が代官に命じて砺波郡南部から山地子銭四四貫文を、能登国では翌年に藩祖利家が代官に命じて鹿島郡坪川村から山地子銭九七〇文を徴収して入会林野の利用権を認めていた（『加賀藩史料・第壱編』）。そのため、村の中には自発的に山地子銭の増額を藩に願い出て、従来の利用権を確保する村もあった。砺波郡下山田村では慶長九年（一六〇四）に山銭三〇〇文を七〇〇文に、同郡沖・院瀬見村では翌年に米二六俵を四二俵に、同郡五位庄村では慶長一七年（一六一二）に山銭三貫三〇〇文を一〇貫文に、氷見郡一宮村では元和四年（一六一八）に山銭五〇〇文を一貫二〇〇文に、砺波郡北市・東城村では同一〇年（一六二四）に山銭五俵を三〇俵に、射水村金山谷村では寛永一三年（一六三六）に山銭一五貫文を四二貫文に、砺波郡隠尾村では同一五年（一六三八）に山銭一八九文を一貫一〇〇文に増徴して従来の利用権を得ていた（『加賀藩史料・第壱編』）。山地子銭の増徴策は慶長三年（一五九八）頃に能登国鳳至・羽咋郡から始まり、その後は領内全域に広がっていった。ともあれ、加賀藩は同年七月に能登国における山地子銭の算定基準を定め、その増徴に努めて財政の安定を図った。農民は入会林野が検地帳にも登記されず、田畑税の対象外地であるという意識から、入会林野における山地子銭の納入は当然であるという認識に変わっていった。

江戸初期には入会林野の山銭増徴や城下町・都市の建設・土木工事などの木材需要により、江戸前期には領内の濫過伐に伴う御林山・準藩有林の設定や農民の用益林野に対する各種の規制により、農民が用材・炭材・柴草などを自由に伐採・採取できなくなったので、入会林野の所有権をめぐって山論（山出入・山問答）が激化した。村では入会林野が何村に帰属するのか、その入会林野へ何村と何村がいつ頃から入会っていたかを明確にすることによって、それぞれの用益を保持しようとした。山論には入会林野の境界不分明に要因する紛争、慣行上の用益権を確保するための紛争、両者の絡み合った紛争があった。これは個人と個人または村と村の境界論争、一か村と数か村または数か村と数か村や他領村と自領村との論争に区別されたが、その実質は林野資源の争奪にあったことはいうまでもない。山論の解決方法には、紛争当事者間の話し合いで和解する場合、自村や他村の村役人の調停および領主や所管役所の裁定によって解決する場合、領主が異なる村々では幕府に訴え出て裁定を受ける場合もあった。

山地子銭は改作法の施行中に小物成として銀納化され、山役と改称された。小物成には、山役・野役などの地代的性格のものと、漆役・蝋役・木呂役などの生産的性格のものがあった。里方村落では山役の上納が苦痛となって、米を過分に販売したため、承応元年（一六五二）から山役の米納が許可された。加賀国では、山地子銭が寛永八年（一六三一）に米納（銭一貫文＝米三石）から銀納に変更され、承応元年に再び米納となり、同三年から銀納（米一石＝銀三三匁四分）となった。越中・能登両国でも、改作法の施行中すなわち承応三年から山役が銀納化された。このように、入会林野は村または村々が藩に山地子銭（山役）を上納して利用権（入会権）を得たもので、明暦二年（一六五六）の村御印の交付により正式に認められた。村に課された山役は、農民の持高または百姓株などに応じて徴収されたうえで藩に上納された（『日本林制史資料・金沢藩』）。

入会林野は、数か村が入会う「村々入会林野」と一か村が入会う「村中入会林野」があり、一般的には百姓持山、ほかに百姓稼山・百姓林・百姓持林・百姓自分林などと呼ばれた。これらは一か村または数か村の農民が共同管理し使用収益するもので、諸藩の村山・村持山・百姓山・野山・郷山・家業山・刈敷山などに当たった。百姓自分林は農民が個人管理し使用収益するもので、諸藩の地付山・居久根林・抱山・符入林・居懸山・家懸山・百姓証文山などに当たった。ただ、百姓自分林は村の状況により再び入会林野に戻すこともあって、百姓持山・百姓稼山・百姓林・百姓持林などの用語と明確に区別できなかった（拙著『加賀藩林野制度の研究』）。百姓持山には山役のほかに、その用益に応じて炭役・漆役・蝋役・茅野役・薪木呂役などが賦課されたが、これらは村御印に記載された定小物成と、新に出来された散小物成とに区別されていた。

入会林野は一か村または数か村が惣山として利用する場合と、山割により個人分割して利用する場合があり、これは一般的に居村近くの口山が個人林または仲間林、中山・奥山が村中入会の所有形態が多かった。仲間林は帰属主体が地域共同体にはなく、特定の耕地所有者の団体が利用する林野を継承したものであった。入会林野は家作・燃料・肥料・飼料などの採草木地をはじめ、薪・炭・板・小羽など林産物の供給地に多く利用されたため、農民からは林山・薪山・草山などと呼称されることもあった。

林山は建築材・土木材・家具材などを伐り出した山林で、個人林が多かった。農民は家を建築する場合、数年をかけて個人林や仲間林から必要な樹木を調達し、親類・隣人の技術・労働を得て建築した。彼等は林山の七木を損傷させないように、主に雑木を伐採したものの、藩の許可を得て松・杉・栗・槻などの七木を伐採することも可能であった。たとえば、石川郡四十万村の八右衛門は、享保五年（一七二〇）に家作材木として目廻二尺～

二尺八寸の松木三五本を百姓持山から伐採していた（『金沢市史・資料編9』）。薪山は燃料用の薪を伐り出した山林で、村中入会・村々入会が多かった。薪山は主に枚（鋸で伐る薪）を伐り出した枚山（枚木山）と、主に杪（鉈で伐る薪）を伐り出した杪山とに大別されたが、枚山は「はへ山」、杪山は柴山（芝山）とも呼ばれた。枚山は約一五年周期、杪山は約一〇年周期で伐採したので、一年分の一〇～一五倍の薪山が必要であったが、薪山は炭材や塩木の供給地として炭山・塩薪山と呼ばれることもあった。薪材には空木・榛の木・沢胡桃・令法・合歓・黒文字・黄檗などが、炭材には水楢・小楢・山紅葉・猿滑などが多く使用された。草山は肥料・飼料・屋根用茅などを刈り出した林野で、肥料・飼料の供給地となった草刈山（秣場・草飼山・肥山・肥草山・草場）と、屋根用茅の供給地となった茅山（茅場・茅野）とに大別された。草山には年貢対象地（草年貢・野年貢・草役米＝草銭・野役米＝野銭）と対象外地があり、前者には村高に含められたものと村高外のものがあった。草年貢・野年貢は草山を検地して反別を決め、一反米または永いくらと年貢高を定めたもので、田畑の本年貢に属し、草役米・野役米は小物成に属した。加賀藩では柴・笹・茅・草などが生えた林野を野毛山（野山）と称し、幕藩の草山と同様に扱ったものの、対象課税は小物成の山役であった（『加賀藩林野制度の研究』）。

(一) 請山

請山（借地入会林野）には領主が直轄林を村または農民に一定期間貸与し、山手米・山手銀・薪炭などを請主から徴収するものと、広大な入会林野を有する村がそれを持たない村または農民に期限を定めて貸与し、山手米・山手銀などを請主から徴収するものがあった。後者には請主が卸方に永山手米・永山手銀を支払って無期限に入会う永請山・定請山があった。請山は請方の立場から呼んだもので、卸方の立場からは卸山と呼ばれた。加賀藩ではいつ頃から請山が行われていたのだろうか。鹿島郡黒氏村では天正一五年（一五八七）頃から花見月村に永請山を、砺波郡五位庄村では慶長一七年（一六一二）に矢部等一六か村から請山を、氷見庄一宮村では元和四年（一六一八）に藩から請山を（『富山県史・史料篇Ⅲ』）、鳳至郡鈴屋村では寛永一八年（一六一三）に寺山村から請山を行なっていた（『輪島市史・資料篇第二巻』）。

鈴屋村は、寛永一八年に山手米六升を寺山村に納め、入会林野から「とち木・ひら木」を合わせて八〇本伐採した。これは「一作請山」の文字がみられないものの、事実上の一作請山であり、山手米が期限より遅れた場合、伐採した木材をすべて押収することを定めていた。一作年季はほとんどが一年であったが、数年に及ぶものも多少あった。鳳至郡麦生野村では明暦二年（一六五六）に山手米五斗を丸山村に納め、入会林野から雑木を伐採したが、この証文には一作請年季や境名を明記していた。同郡正院新保村でも万治四年（一六六一）に山手銀二〇匁を寺山村に納め、入会林野の里峰山（宝立山）から塩木を伐採したが、この証文にも一作請年季や山名・境名などを明記していた（『輪島市史・資料篇第二巻』）。請方は一～三人の場合、十数人の場合、惣村の場合があって、惣村の場合には卸方の村肝煎・組合頭・村惣中を明記した。

一作請山は能登国奥郡（珠洲・鳳至郡）をはじめ、越中国新川郡および天領白山麓など焼畑地帯で多くみられた。能登国奥郡のものは塩薪請山証文・薪請山証文など製塩に関するもの、越中国新川郡のものは薪請山証文・杪請山証文・茅請山証文など燃料に関するもの、焼畑地帯のものは「むつし請証文」「あらし請証文」「そうれ請証文」など焼畑用地に関するものが多かった。天領白山麓では、「むつし一作年季」が元禄期に平均八年ほどで、天保期に平均一五年を越えていた。「年季山証文」は年季を明記した点で「永請山証文」と異なったものの、一応その範疇にあったといえるだろう。

加賀藩でも、寛文期（一六六一～七二）から開墾による林野面積の後退が目立つなか、永請山をめぐって山論が多発するようになった。山論はほとんどが村々の示談（和談）によって解決されたが、当事者間の解決が困難な場合は、藩（領主）にその裁定を仰いだ。

鹿島郡垣吉村では、宝永元年（一七〇四）に田鶴浜・新屋村に永卸した入会林野に入会権があると申し出たが、藩（堀松相談所）は両村の永請山に垣吉村が入会わないように裁定した（『鹿島町史・資料篇』）。また、同郡東馬場・西馬場両村では、文化三年（一八〇六）以来、山論の審議を重ねてきたが、藩は両村に書付・絵図などが残っていなかったため、同一〇年に前山を除く中山と奥山を山役銀高に応じて山分け（山割）させた（『鹿島町史・資料篇』）。永請山における請主の権利は請山に比べて強固であり、林野の所有権に近いものであった。このように、山論の裁定には、①一方の村の言い分を認める場合、②御林山に指定編入する場合（江戸中期まで）、③山分け（山割）を命ずる場合の三ケースがあった。

近世の山論は封建制下の経済構造に深く根付いていたため、領主権力がその完全な解決策を求めること自体が矛盾した行為であった。つまり、藩は一応公権による正邪の判断を下す場合もあったが、むしろ訴訟当事者間の妥協を直接間接に強要し、あるいは専制的に論所を御林山に指定編入することが多かった。山論は商品経済社会が進展するなかで、田畑・秣場・海などの境界争いとともに年々増加し、入会林野の分割を促進させた。

(二) 山割

入会林野は林産物の需要が拡大するなか、その用益を各戸が均等に利用するために、一か村や数か村の農民(入会権者)の合意をもって分割された。入会林野の分割には、一定期間が過ぎると割替を行って用益の公平を計る暫定的な「割山」(山割替・年季割)と、個々に永久分割する「分け山」(永代割)とに区別された。加賀藩では割山と分け山が明確に区別されておらず、単に「山割」と呼ぶことが多かった。

越中国砺波郡林道・利久両村では、慶安四年(一六五一)に簑谷・野口・大鋸屋村の肝煎を相見人として、両村の長百姓・小百姓の合意をもって原ノ谷・打尾・林山・北谷・火ノ谷・大草蓮などの入会林野をそれぞれ鬮三本で分割した(『井口村史・下巻』)。林道村は村高七五七石・山役銀二三匁、利久村は村高八一〇石・山役銀九六匁であったが、鬮数は林道村が二本を得ていた。つまり、山割は高割や山役銀高に応じた割替えではなく、入会林野に近かった林道村に古くから優位性が認められていたようだ。今のところ、これは加賀藩における村々入会林野を分割した最古のものだろう。

砺波郡井口郷一一か村では、村々入会林野の赤祖父山を上山・中山・下山の三等に分類し、それぞれ山銭高に応じて一〇鬮で村々に分割した(「院瀬見区長文書」)。鬮数は山役の多い蛇喰・久保・田屋村が一・五本、中・井口・池田村が一本、東西原・宮後・池尻・石田・東石田村が〇・五本であった。石田村は山役銀を池田村よりも多く負担したものの、東石田村との関係から鬮数が〇・五本であった。赤祖父山は平野近い前山から一番小山割・二番野山割・三番草山割・四番柴山嶺筋割・五番野毛山割の順で、それぞれ鬮一〇本をもって村々に分割された。山割された地域は赤祖父山の東谷以東と千谷川流域だけで、赤祖父川の源流域は水持林のため惣山として残された。

砺波郡井波村では、貞享三年（一六八六）に村中入会林野を柴山割と草山割に分け、それぞれ鎌数九一丁をもって割替えた（「井波町肝煎文書」）。割替方法は戸別割・家割・個人割などの平等割ではなく、面割と呼ばれた不平等割であった。つまり、鎌数は柴山割・草山割ともに一人で一丁〜三丁を受けた者、二人で一丁を受けた者、三人で一丁を受けた者がいた。このように、村中入会林野は村々入会林野と同様に、改作法施行中に個別に割替えられた。割替対象地は里山・口山などと呼ばれる村近くの入会林野がほとんどであり、奥山・外山などと呼ばれた村から離れた林野は頭振も利用できる惣山として温存された。奥山や利用不可能な場所などは、私的所有という観念が未成熟であったため、領主的所有と農民の入会利用という段階にとどまっていた。砺波郡井口郷続きの同郡西明村では、明暦元年（一六五五）に入会林野を農民の持高に応じて割替えたものの、その後四〇年余の間に境目が紛らわしくなり、また持高にも変動が生じたため、元禄一五年（一七〇二）に再び持高に応じて割替えた（「伊藤富夫家文書」）。文書中には「近年切高ニ付所々ニ而山請取、弥筋境紛敷在之」とあって、農民は持高変動の原因が「切高」に伴う売山によることを指摘していた。留意したいことは、山割に際し農民の持高に応じて引山（割替えをしない林野）を実施していたことである。

右のように、村中入会林野は入会権の公平、小農民の零落防止、草木の保護などを前提に、売山が盛んに行われたこと、新百姓が独立して林産物が不足したこと、御林山・準藩有林の増設で林野利用が制限されたこと、新田開発により肥料用の草が不足したこと、牛馬の増加で飼料用の草が不足したことなどの理由から個別分割された。入会林野の割替地は、「切高御仕法」の施行後に村内外を問わず盛んに売買された。その結果、村内には割替地を十二分に所有する者と然らざる者との山論が激化し、それを防ぐため村寄合が活発になった。

地割の発達している地域では、山割は地割に付随して行われることが多かった。ただ、鹿島郡八幡村をはじめ、周辺の村々では、江戸後期から山割を単独で実施していた（『七尾市史・資料編第二巻』）。

山割年季（割替期間）は一〇～二〇年のものが多かったが、それは江戸後期から地割年季に反比例するかのように次第に長期化し、江戸末期には二五年を超えるものもみられた。割替期間が短い場合（山割が地割に付随して実施された場合）には、割替期間がくれば育成中であっても立木を伐採しなければならず、有用な立木を育成することができなかった。つまり、村では林野保護の目的から立木を育成し得るに適当な割替期間を必要としたため、それを次第に長期化したのである。

河北郡御所村の十村源兵衛は、宝永四年（一七〇七）に入会林野（百姓持山）を村高に応じて村別に分割したのち、各自の持高に応じて割替えたこと、人数に応じて割替えたこと、家高に応じて割替えたこと、山役銀高に応じて割替え、入会で利用する村もあったこと、懸作百姓を含めて割替えたことなどを改作奉行に報告していた（『日本林制史資料・金沢藩』）。人数割については、一五歳～六〇歳までの全農民を対象とした割替方法であった。新開高については、新開農民に対し割替地を与える村と与えない村があった。割替地を有しない農民でも山役銀を収納している限り、入会林野で薪草などを採取することが可能であった。また、石川・河北両郡の御扶持人十村は、正徳元年（一七一一）に高割がもはやなくなって面割（家割）や人数割、山役銀の負担額割、面割と高割の併用形態など種々の割替方法があったこと、切高時に入会林野の割替地を付帯して渡す場合、田畑の割替地だけを渡して入会林野の割替地を渡さない場合があったことなどを改作奉行に報告していた（『日本林制史資料・金沢藩』）。留意したいことは、正徳期（一七一一～一五）に面割と人数割の平等割が実施されていたことである。

右のように、加賀国では改作法の施行中に村々入会林野を山割の負担額に応じて村割、村中入会林野を山役の負担額割や高割で戸数割し、正徳期から面割や人数割および面割と高割の併用形態を実施し、化政期から面割と人数割の併用形態の分割基準を平等化へと進んでいった。割替方法は薪草などの商品化が進むなか、金肥普及により持高相応の採草地利用が崩れたため、農民の平等利用の要求が強くなった。村中入会林野は全体が一度に山割の対象となって解体されないまでも、売山および御林山の新設もあって次第に変質・解体し、個別化が進んだといえるだろう。山割は入会林野利用の一形態として実施されたものであるから、農民の割替地（個人持山）に対する権利はそれの売買禁止をはじめ、種々の制約を受けていた。つまり、山割は家の消滅やその違反に際し割替地を没収する定めが効力を有する限り、範疇的に入会林野の域をでるものではなかった。

(三) 売　山

農民は生活に困窮した場合、田畑や百姓持山（入会林野）を売却したため、多くの「売山証文」が残されている。売山証文には、農民が百姓持山の入会権（利用権・耕作権）を保留したうえで所有権を一定期間売却して貨幣を調達する「年季売山証文」と、その耕作権と所有権を同時に売却して貨幣を調達する「永代売山証文」とがあった。このほか、年季売山証文の延長線ともいうべきものに、農民が百姓持山の所有権だけを一定期間質入れする「質山証文」があった。「年季売り」は貨幣経済の発展に伴い、農民が百姓持山を担保として貨幣を借用するもので、売主は売却後も百姓持山を利用することが可能であった。江戸中期からは買主の権利が強化され、買主は売主が元利を滞納すれば百姓持山を取り上げ、別人に貸し与えることが可能になった。「永代売り」は利用権・所有権がともに買主に移動したため、他村に売却された場合、利用権の所属問題や年貢・諸役・村普請など諸負担の問題が発生し、幕府は寛永二〇年（一六四三）に「田畑永代売買禁止令」を発布した（『徳川禁令考・前集第五』）。

売山は村が行う場合と農民の個人・数人が行う場合があり、前者は村が入会林野の一部を農民や村に売却したもので、江戸初期には「惣百姓中」が証文に署名（同意）し近村の肝煎が証人となり、後者は農民が入会林野の割替地の一部を売却したもので、自村の肝煎の同意が必要であった。売山証文に自村・近村の村役人が署名するのは、「切高証文」の場合と同様で、他村の所有者に権利を保証するためであった。ただ、江戸初期にあっては大半の入会林野が「共有」「惣有」という考えが強く、田畑の売買に比べれば個人所有はまだ少ないものであった。永代売りは所有権とともに利用権をも買主へ移動させたため、買主は購入した林野に対し所有権を強く意識するようになった。もちろん、所有権は毛上・土地（地盤）ともに独占的・排他的な永続支配権を所有する現在の権利と違っていたことはいうまでもない。藩は用材が不足した場合、百姓持山を御林山・松山などに編入し農民の地上権（利用権）を奪ったものの、地盤そのものを支配することはほとんどなかった。なお、中世の永代売山証文では、林野の利用権が移動することがほとんどなく、その所有権のみの移動が多かった。つまり、農民は領主の都合によって林野の所有権が他人に移動した後も、従来通りそれを利用することが可能であった。

加賀藩では元禄六年（一六九三）に「切高御仕法」を発令して、田畑・林野などの売買を公認した（『加賀藩史料』・第五編）。これは農民が作損により年貢を未納し用地を他人に渡した場合、取り返しを認めないこと（一条）、農民が年貢難渋で持高を耕作できない場合、応分の持高を残して切高させること（二条）、切高を届出の農民持高帳に登記させること（三条）、田畑の相続を嫡子一人に認め、二・三男に分高させないこと（四条）、嫡子が病気で耕作できないとき、十村・御扶持人に届出させること（五条）などを定めていた。ただ、これは藩の期待に反して中堅高持農民へではなく、頭振、二・三男、非百姓らの無高層に取高させる結果となった。そこで、元文期（一七三六〜四〇）には切高の制限を考慮し、寛保元年（一七四一）に皆切高を禁じて一、二升を残すことを命じ、享和元年（一八〇一）に残高二升と定めた（『加賀藩史料・第七編』）。これを「名高」と称した。田畑永代売買禁止令は本百姓の没落、その結果生ずる貢租・諸役の未納を未然に防止することが目的であったので、これを農民側からみれば、貢租・諸役を明確にしておく限り、事実上、土地の売買が自由であったといっても差し支えないだろう。この点、切高御仕法は決して田畑永代売買禁止令の施行目的に反したものではなかった。

正徳五年（一七一五）金沢中間相談所から石川・河北両郡の十村中に宛てた達書には、「元禄六年以来山取置候儀者、其村々肝煎・組合頭判形仕置候分者切高並ニ取人支配可仕候、肝煎・組合頭判形無之候者、銀米相売主証文いたし置候共、為相返銀米取主損ニ可申渡事」とあり（「御用見聞之記」）、売山証文は「切高御仕法」の施行後に村肝煎・組合頭の奥書が必要となり、それが無いものは無効となった。また、売主が個人の場合には、さらに売主は一門の請人・五人組頭などの承認が必要となった。その後、天保八年(一八三七)の「高方御仕法」では、山役銀を本村が納入する質入・年季売の場合、林野を取り上げ元主に無償で戻させること、売切・永代卸・又売りの場合、元金を支払って林野を取り戻させることなどを定めた(『日本林制史資料・金沢藩』)。

第三節　七木制度

七木制度は、諸藩が用材確保のため藩有林・民有林を問わず一定樹種を指定し、その無断伐採を禁止した留木制度と同類であった。留木(禁止木)は諸藩や地域または時代により区々であり、それは次第に増加した。名古屋藩では「五木」と称する檜・椹(さわら)・槇・明檜・黒部が、和歌山藩では杉・檜・槻・柏・楠・松が、秋田藩では「青木」と称する杉・松・檜・赤檜・黒檜および「八木」と称する栗・桂・朴・欅・桐・松・槻・椚が、人吉藩では杉・檜・栂・槻・末・桐・樅・桂・桑など二三種が禁止木となっていた(『日本林制史資料・諸藩編』)。留山制度は留木制度を進めた林野保護政策で、一定地域の林野を対象に農民の無断伐採を禁止したものである。

第２表　加越能三か国の七木

年次	国名	七木名	備考
元和２年（1616）	奥郡	杉・松・桧・槻・栗・栂・漆	
寛永４年（1627）	奥郡	杉・松・槻・栗・桐・漆・唐竹	七木の史料的初見
慶安５年（1652）	奥郡	杉・松・桧・槻・栗・桐・栂	
寛文３年（1663）	加賀	杉・松・樫・槻・桐・唐竹	栗の伐採許可（石川・河北郡）
	能登	杉・松・樫・槻・栗・桐	
	越中	杉・松・桧・槻・栗・桐	新川郡は杉・松・樫・槻
正徳４年（1714）	加賀	杉・松・樫・槻・桐・唐竹	能美郡は杉・松・樫・槻・桐・栂
	能登	杉・松・樫・槻・栗・桐・栂	
	越中	杉・松・樫・槻・桐・栂	新川郡は杉・松・樫・槻・桐
享保５年（1720）	加賀	杉・松・樫・槻・桐・唐竹	
	能登	杉・松・樫・槻・栗・桐・栂	
	越中	杉・松・桧・樫・槻・栗・桐	新川郡は杉・松・樫・槻・桐
寛政２年（1790）	加賀	杉・松・樫・槻・桐・唐竹	能美郡は杉・松・樫・槻・桐・栂
	能登	杉・松・樫・槻・栗・桐・栂	
	越中	杉・松・桧・樫・槻・栗・桐	新川郡は杉・松・樫・槻・桐
文化３年（1806）	加賀	杉・松・樫・槻・桐・唐竹	
	能登	杉・松・樫・槻・栗・桐・唐竹	
	越中	杉・松・桧・槻・栗・桐	新川郡は杉・松・樫・槻・桐
慶応３年（1867）	加賀	杉・松・桧・樫・槻・栂・唐竹	三州共通の七木
	能登	杉・松・桧・樫・槻・栂・唐竹	
	越中	杉・松・桧・樫・槻・栂・唐竹	

※『加賀藩史料』『日本林制史資料・金沢藩』「七木御定之事」などにより作成。加賀・越中領国では、栂の代わり桧・槇が充てられた。

三代利常は元和二年（一六一六）に能登国全域で杉・檜・松・栂・栗・漆・槻の七樹を指定し、百姓持山についてもその自由伐採および売買を禁止した（『加賀藩史料・第弐編』）。この定には「一、竹大小ニよらす切取候事堅令停止候」とあり（『日本林制史資料・金沢藩』）、苦竹も同時に禁木となっていた可能性が高い。七木の史料的初見は、寛永四年（一六一七）に鳳至郡に発令された「御法度之事」であり（『輪島市史・資料篇第二巻』）、松・杉・栗・欅・漆・桐・竹の七樹が留木に指定されていた。能登国は製塩業の塩木生産や薪炭生産が盛んで、山林が濫伐傾向にあったため、加賀・越中両国に比べて早く七木制度（留木制度）が実施された。その後、加賀国では寛文三年（一六六三）に松・杉・樫・槻・桐・唐竹の六樹が、越中国では同年に松・杉・檜・槻・桐・栗の六樹が七木となった。ただ、同国新川郡では、同年に松・杉・樫・槻・桐の五樹が七木となった（『日本林制史資料・金沢藩』）。七木は国郡によって樹種が不足したため、国郡および時代により異なった。享保一一年（一七二六）には加賀国で松・杉・樫・槻・桐・唐竹の六樹が、越中国砺波・射水郡で松・杉・檜・樫・槻・桐・栗の七樹が、同国新川郡で松・杉・樫・槻・桐の五樹が、能登国で松・杉・樫・槻・桐・栗・唐竹七樹が七木となった。また、天明六年（一七八六）には加賀国石川・河北郡で松・杉・樫・槻・桐の五樹が、同国能美郡で松・杉・樫・槻・桐・唐竹の六樹が、越中国砺波・射水郡で松・杉・檜・樫・槻・桐・

栗の七樹が、同国新川郡で松・杉・檜・樫・槻・桐・栗の七樹が、能登国で松・杉・樫・槻・桐・栗・栂の七樹が七木となった(「七木御格帳」)。これは、慶応三年(一八六七)に至って松・杉・檜・樫・槻・栂・唐竹の七樹をもって加越能三か国共通となった(『日本林制史資料・金沢藩』)。

七木制度は改作法の施行を契機に強固となり、屋敷廻および田畑畦畔の七木までも無断伐採が禁止された。十村や山廻役は、農民の垣根および田畑畦畔に生立する七木の員数・間数・樹種などを七木帳に記し、郡奉行や作事奉行に報告した。これを垣根七木・畦畔七木と称した。七木の伐採・払い下げ・拝領などは手続きがきわめて煩雑であり、伐採までに半年以上の日数を要した。たとえば、蔭伐(畔端二間以内の障木を伐採すること)は山廻役が七木の員数・間尺などを記した帳面に十村が判を押し、郡奉行が請書したうえで算用場に提出し許可された(『日本林制史資料・金沢藩』)。七木の伐採規格は江戸中期に加賀国が目廻三尺以上、越中国が目廻五尺以上で、目廻四尺六寸以下のものは七木から除かれた。なお、目廻五尺以上の七木は五間が御用木、残りが末木であり、末木は枝葉とともに地元農民に与えられた。この末木・枝葉は、元禄九年(一六九六)頃からその半分を伐採人足の日用に充てられた(「七木御格帳」)。なお、郡方への七木払下げ値段は、延宝三年(一六七五)に栗が松・栂の一分増し、杉・槻・桐が松・栂の三倍であった(『日本林制史資料・金沢藩』)。

七木の払い下げ・拝領・売買などは、すべて算用場が許可したうえで、山林役人が極印を打って渡された。郡方使用のものは山廻役が極印、足軽山廻が出極印を、作事所使用のものは作事奉行が極印を、宮林・垣根廻のものは郡奉行が極印を打って渡した。極印には、「出極印」「小極印」「里山廻極印」の三種があった。出極印は宝暦元年（一七五一）に算用場から足軽山廻に渡されたもので、同九年から松木に打たれ、「全」の文字が彫られていた。小極印は万治二年（一六五九）に算用場から足軽山廻に渡されたもので、享保一一年（一七二六）から改名され、「イヨクリマテ」「正」の文字が彫られていた。里山廻極印は寛文三年（一六六三）に郡奉行から山廻役に渡されもので、村名または山廻名の文字が彫られていた（「七木御格帳」）。なお、十村および分役は垣根七木を伐採するとき、極印を受ける必要がなかった（「七木二係ル文書類」）。

享保一一年（一七二六）の達書には「御領国中御林山並百姓持山、且又垣根等七木・用水材木等伐り渡候ニ付、近年七木致減少候」とあり（『加賀藩史料・第九編』）、七木は享保期（一七一六～三五）に領内全域でかなり減少していた。その後、藩は約五〇年後に至って七木制度の緩和策を実施した。能美郡沢村の十村源次は安永四年（一七七五）に年間三貫五〇〇匁の七木運上銀を上納することを条件に、百姓持山・田畑畦畔・野毛・河原などの七木伐採を郡奉行に願い出て許可された(『加賀藩史料・第九編』)。なお、天明七年(一七八七)の「加越能散小物成帳」には、能美郡に七木伐運上銀三五〇目が課せられていたとある(『日本林制史資料・金沢藩』)。新川郡でも、寛政六年(一七九四)に銀七〇枚と山役銀一四貫三〇〇匁を上納して七木を伐採した。銀七〇枚は、同郡の天正寺組・長江跡組・黒崎先組・石割組・新堀組など一四組に割符された。砺波郡でも、同年に七木運上銀を上納して七木を伐採した(「福光村肝煎文書」)。射水郡でも、寛政年中(一七八九～一八〇〇)に新川郡に倣って七木伐採の願書を藩に提出したが、これが藩に受け入れられたかは定かでない(「福光村肝煎文書」)。こうした七木制度の緩和策は、後述(第二部第一章第一節)するように宝暦九年(一七五九)頃から黒部奥山・立山奥山など御林の開発事業と深い関係があった。

享和元年(一八〇一)七月には「山方御仕法」が改定され、能登国の百姓持山および垣根廻・田畑畦畔から七木・唐竹・炭・薪などが「津出」されることになった。七木や唐竹にはその肩に十村の極印(割印)が押され、能登国から加賀・越中両国に限って津出されたもので、いわゆる「領内留り」であった。小田吉之丈氏は「山方御仕法」の改定により、「上品なる材は上方即ち京・大阪に回漕し、其の他は地方消費を勝手たらしむ」ことになったという(小田吉之丈『加賀藩農政史考』)。これは文政四年(一八二一)に「御郡方仕法」が改定され、能登国から七木・唐竹・炭・薪・板・垂木・木小羽などの林産物が津出されたときも、また天保改革で炭・薪・木材・竹などの津出口銭百分の一を課したときも変化がみられなかった（『日本林制史資料・金沢藩』）。嘉永二年（一八四九）の「浦方御定」にも「能州浦々并越中氷見庄等浦方ゟ村々持薮竹、船積を以御国売竹之趣ニ而他国江積廻候躰相聞江候、元来他国売出方之義ハ堅ク指留」とあり（『日本林制史資料・金沢藩』）、炭・薪は七木・唐竹などとともに他国他領への津出を禁止されていた。これ以前、文政元年（一八一八）には七木をはじめ、小羽板・薪木呂・牧木・炭・竹・木地など多くの林産物が津口銭を徴収して他国他領から諸湊へ移入されていた。なお、明治元年（一八六八）にも加賀国が銭三五五貫文、越中国が銭三〇一貫文の七木運上銀を上納しており、加賀・越中両国でも七木が自由伐採されていた（『日本林制史資料・金沢藩』）。

第二章　山林役職

第一節　山奉行

藩は慶長期（一五九六～一六一五）に山奉行を設置し、七木制度を中心に領内の山林管理を行った。加賀国（石川・河北郡）では、慶長二〇年（一六一五）に山奉行の非分改めを郡奉行が行っており、当初、山奉行の権限は弱かった（『日本林制史資料・金沢藩』）。加賀国（石川・河北郡）では先に由比勘兵衛ら三人が、その後由比勘兵衛一人が山奉行に任命されたものの、寛文三年（一六六三）からは改作奉行園田左七ら四人が、同六年（一六六六）からは郡奉行が山奉行を兼帯した。改作奉行兼山奉行は、寛文三年一〇月二八日から同六年までの短期間に過ぎなかった。能美郡には山奉行が置かれず、別宮奉行（別宮口留番所）が御林山・百姓持山の七木管理に当たった。後述するように、同郡には山廻役が置かれず、小松町に居住した足軽山廻と別宮口留番所に属した与力衆が盗伐者の逮捕に当たった（『日本林制史資料・金沢藩』）。

能登国でも慶長期に山奉行二人が置かれたが、彼らは御塩奉行を兼帯した。島田勘右衛門・小森又兵衛・山下吉兵衛は寛永一四年（一六三七）に御塩奉行を兼帯し、珠洲郡飯田村に居住していた。その後、近藤次右衛門・富田治太夫は承応二年（一六五三）に御塩奉行を兼帯し、鳳至郡宇出津村に引っ越した（『加賀藩史料・第弐編』）。山奉行兼御塩奉行は、宇出津村に居住したことから「宇出津山奉行」とも呼ばれ、塩手米の取り扱い、塩の収納、塩の蔵納、塩問屋の管理、塩積出船の管理など製塩業務を多く行った。宇出津山奉行は天明五年（一七八五）に破損船裁許も兼帯したが、文政四年（一八二一）から天保一〇年（一八三九）までは廃止され、郡奉行が兼帯した（『日本林制史資料・金沢藩』）。鹿島半郡（長家領、寛文一一年＝一六七一年に藩が接収）には初め山奉行が置かれず、正保期（一六四四〜四七）には西馬場村の河嶋清兵衛が「山裁許人」として御林山を管理していた（『加賀藩史料・第四編』）。その後、延宝元年（一六七三）頃からは、能登国の他郡と同様に「山方御仕法」を適用するようになった。

越中国では、天正一五年（一五八七）に前田利秀が砺波郡今石動の山論裁定のため臨時的に山奉行を置いた（『加賀藩史料・第壱編』）。その後、砺波郡次郎丸・長楽寺両村は元和六年（一六二〇）に山論裁定を「山之御奉行衆」の今井左太夫・古河六左衛門両人に願い出ていた（『北野区有文書』）。今井・古河両人は山奉行であり、元和六年頃には越中国でも山奉行が置かれたようだ。越中国では寛永一四年（一六三七）頃に郡単位で山奉行が置かれたが、その後射水・砺波郡は両郡で一人となった。なお、彼らは加賀国と同様に、寛文期（一六六一〜七二）に郡奉行により兼帯されたかは明確ではない。

第二節　山廻役

藩祖利家は能登入国に際し、その功労として村内の有力者に扶持高一五〜二〇俵を与えて郷村支配を命じた。また、藩祖利家・二代利長は加越能三か国の有力寺社に田地・山林などを寄進するとともに、炭焼・陶工・木地師などの技術職人に山林の自由伐採を許可した。さらに、二代利長は慶長九年（一六〇四）に加越能三か国に十村を置き、彼らを郷村支配の中核に据えた。その後、承応二年（一六五三）には御扶持人十村を、寛文元年（一六六一）には無組御扶持人十村を置き、十村制度を確立した。十村は無組御扶持人十村・御扶持人十村・平十村の三種となり、また三種には本役の退老者「列」と本役の見習者「並」があって九階層に区分された。十村の業務は、司法業務・徴税業務に比べ、一般業務が圧倒的に多かった。一般業務では民政業務（郡奉行支配）に比べ、改作業務（改作奉行支配）が多かった。改作業務は時代とともに増加していった。その業務は御役所（御用所・御用場）と呼ばれた十村宅の一隅で手代数人の補助を得て処理された。

次に、林制役職の山奉行の下僚に位置した十村分役の山廻役についてみよう。山奉行の下僚には、足軽山廻と山廻役（百姓山廻）が置かれていた。越中国砺波・射水両郡では、万治元年（一六五八）に足軽山廻数人を置き、御用木・唐竹などの伐採を監視させた。これは、今のところ「足軽山廻」の史料的初見であろう。加賀国石川・河北両郡では、同二年に山奉行由比勘兵衛の下に足軽山廻一〇人を置き、御林山・松山を巡回させた（『日本林制史資料・金沢藩』）。加越両国では寛文三年（一六六三）以前に足軽山廻が置かれ、漸次増加する傾向にあった。前述のように、加賀国では、園田左七ら四人が寛文三年に改作奉行兼山奉行となったとき、山廻役七人（石川郡五人・加賀郡二人）を置き、同時に山廻代官も任命した。寛文一三年（一六七三）には、石川・河北両郡にそれぞれ山廻役五人が置かれ、一〇人に増員された（『改作所旧記・中編』）。山廻役は、一般的に里方の山林を巡回したため、越中国新川郡の黒部奥山を巡回した奥山廻役と区別して里山廻役とも呼ばれた。

能登国では、寛文三年以前に山廻役が置かれており、その多くは御塩吟味人・御塩懸相見人など製塩役職を兼帯していた。慶安三年（一六五〇）には鳳至郡皆月村彦が、明暦元年（一六五五）には同郡浦上村兵右衛門が、明暦二年には珠洲郡大谷村頼兼がそれぞれ御塩懸相見人を兼帯しており、能登国奥郡では山廻役が改作法の施行中に製塩役職を兼帯したようだ。その後、同国口郡でも山廻役が製塩役職を兼帯したものだろう。御塩吟味人は主に洩塩・出来塩の監視、釜数・浜数の調査などの業務を、御塩懸相見人は主に塩枡量・俵拵えの監督、塩納・塩輸送の監督などの業務を行った。越中国でも、寛文三年に山廻役を置き、同時に山廻代官を任命した（『越中史料・第二巻』）。寛文五年には、砺波郡に四人、射水郡に一人、新川郡に五人の山廻役がいた（「杉木文書」）。

山廻役は十村分役として制度化され、十村同様に御扶持人山廻・平山廻の階層があり、本役を後退した者を「山廻列」とする待遇もあった。御扶持人山廻の史料的初見は、慶安三年（一六五〇）に鳳至郡皆月村彦が扶持高一五俵を得て山廻役兼御塩懸相見人となったものであろう（『輪島市史・資料篇第一巻』）。江戸後期の「石崎記録」には、十村分役として①新田裁許、②新田裁許列、③新田裁許並、④山廻、⑤山廻列があったとある（『越中史料・第三巻』）。留意したいことは、新田裁許にあった「並」（見習い）が山廻役になかったことである。もっとも、新田裁許並は、文政二年（一八一九）に高木村藤右衛門が任命された以外に見当たらない（『加賀藩史料・第拾五編』）。寛政五年（一七九三）の「十村等名書」には、鹿島郡河崎村刑部が天明六年（一七八六）

に、鳳至郡中居村金左衛門・同郡中居南村藤蔵が翌年に「山廻並」になったとある（「十村等名書」）。彼らは翌年に山廻役に任役されていたので、ここにいう山廻並は臨時増員された山廻加人（本役加人）を指し、山廻役の倅が任命された見習加人とは異なるようだ。

寛政五年（一七九三）の山廻役数は、加賀国が一四人（石川郡一〇人・河北郡四人）、越中国が二八人（砺波郡八人・射水郡六人・新川郡一四人）、能登国三五人（羽咋郡四人・鹿島郡九人・鳳至郡一三人・珠洲郡九人）の合計七七人であった（「十村等名書」）。また、文久三年（一八六三）のそれは、加賀国が一五人（石川郡一〇人・河北郡五人）、越中国が二五人（砺波郡六人・射水郡五人・新川郡一四人）、能登国四三人（羽咋郡七人・鹿島郡七人・鳳至郡一八人・珠洲郡一一人）の合計八三人であった（「御扶持人十村等御礼人惣列名書」）。山廻役数には大幅な変動がなく、彼らが十村同様に多く世襲し、郡別に十村組の山林を巡回していた。

すでに述べたように、山廻役は山廻代官をはじめ、蔭聞役・御塩懸相見人・御塩吟味人などを兼帯した。山廻代官は万治二年（一六五九）に十村代官とともに領内に置かれたという（『加賀藩史料』・第壱編）。ただ、加越両国では寛文三年（一六六三）に山廻役が設置されたので、万治二年に置かれたのは能登国だけであろう。元禄一六年（一七〇三）の「改作方勤方仕帳」には、「一、山廻之内一御郡ニ三、四人宛誓詞申付、御扶持人并十村其外肝煎等裁許善悪之義、私共方江内証申聞候様ニ、元禄六年より申渡」とあり（『日本林制史資料・金沢藩』）、その後、山廻役は元禄六年（一六九三）から郡中三、四人が蔭聞役を兼帯し、御扶持人・十村・村肝煎などの郡方裁許を監視した（『日本林制史資料・金沢藩』）。彼らは、その兼帯創設期に蔭聞役の業務を第一と考えていたようだ。なお、蔭聞役の創設年代は明確でないものの、鳳至郡時国村藤左衛門は寛文九年（一六六九）に蔭聞役に任命されていた（『輪島市史・資料編第一巻』）。越中国射水・新川両郡でも、能登国と同様に山廻役が製塩役職の御塩懸相見人・御塩吟味人などを兼帯した。射水郡小杉新村八左衛門は天明七年（一七八七）に、新川郡入善村与四郎は文政八年（一八二五）に山廻役兼御塩吟味人となっていた（「米沢紋三郎家文書」）。

山廻役の業務は、一般業務・補助業務・兼帯業務の三種に大別された。一般業務は本業務、補助業務は十村の補助業務、兼帯業務は山廻代官・蔭聞役・御塩懸相見人・御塩吟味人などの業務を指す。一般業務・補助業務は天明三年（一七八三）の「河北郡山廻勤方書上申帳」（「洲崎喜久男家文書」）、同年の「石川郡御用勤方書上申帳」（同上）、同年に砺波郡下河崎村十左衛門が著した「山廻役御用勤方覚帳」（「宮永正平家文書」）など、兼帯業務は宝永二年（一七〇五）の「能州代官十村勤方」（金沢市立玉川図書館蔵）、同年の「越中諸代官十村勤方」（同上）などに詳しい。加賀藩は十村に対する期待が大きく、江戸後期に従来の山奉行−山廻役の林政系

第3表　加賀藩の山廻役業務

種　類	業務内容
一般業務	農民への指示伝達、縮木の取締り、七木帳の作成、縮木の伐採、材木の下付、損木の入札払い、伐株の取締り、蔭木の伐採、花松・餝松の伐渡し、縮木売買の管理、他領材木の購入、松苗などの養成、松脂の採取、御林山の巡回、御藪の巡回
補助業務	作食蔵などの修理、堤防など工事、境塚の修理、道橋などの修理、用水取分の決定、用水の工事、御郡奉行巡視の御供、改作奉行巡視の御供、宗門横目の御供、廻国上使通行の準備、藩主通行の準備、大名通行の準備、御塔婆松の管理、没収物の処分、消火の指揮、旅館の管理、諸道具の管理、旅館などの掃除、作食米脇借の監視、肥料代の貸付、貸米の検査、新米売買の調査、米小売の監督、松子採取の指揮、硫黄採掘の指揮、薬草採取の指揮、流木の選別、塩木など棚数の確認、松葉掻きの監視、変死人の検視
兼帯業務	蔭聞の励行、製塩の監督、塩の品質検査、俵拵えの監督、廻塩枡量の監督、塩蔵の管理、塩枡の管理、塩積船の修理、収納米の徴収、皆済状の交付、出船米の引き渡し、詰米の収納、詰古米の出船改め、出船米引き渡し、船運賃の検査、枡廻人賃銀の検査、明俵・斗枡の保管、残米の積み替え、知行高などの調査、春秋銀の徴収、代官帳の整理

※天明３年（1783）の「山廻役御用勤方覚帳」（拙著『加賀藩林野制度の研究』収載）により作成。

列を脱し、新たに郡奉行―十村の系列を強化させた。このことは、道橋修理・堤防工事・用水工事など土木関係を中心とする十村の補助業務が年々増加したことを示すものだろう。河北郡大衆免村の山廻役伊兵衛は、安政三年（一八五六）の「御用留」の中で「近年御用方繁多ニ而、賃銀も多相成甚迷惑仕候」と（「本岡三郎家文書」）、補助業務の増加に伴う出費を大いに嘆いていた。このように、山廻役の業務は藩が十村の業務手腕に大きな期待をかけたこともあり、本業務から補助業務へと主体が移っていった。

最後に、山廻役の役料・苗字帯刀・御目見についてみよう。御扶持人山廻・平山廻は代官帳二冊（一冊五〇〇石）、奥山廻は三冊を受けたが、後者は寛延期（一七四八～五〇）に八三〇石へ、天明六年（一七八六）に七五〇石へ、同八年に六五〇石へと減少されたという（「七木二係ル文書類」）。ところで、山廻役は十村役料の鍬役米を徴収されたのだろうか。「河合録」には「一、鍬役米分役ハ一家内取立不申、村肝煎ハ身当り不取立家内之分取立候事」とあり（『藩法集6・続金沢藩』）、十村分役は家内全員、村肝煎は本人のみが免除されていた。ただ、山廻役は江戸中期まで一切免除されなかったという（『日本林制史調査資料・金沢藩四八号』）。このほか、山廻役は江戸中期に盗伐者の逮捕に際し、褒賞金一分一朱が支給された（『改作所旧記・中編』）。山廻役は日常の苗字帯刀を禁止されたものの、他国に主張する際には、十村同様に許可された（『加賀藩史料・第拾壱編』）。山廻役は、寛文期（一六六一～七二）から御扶持人・十村らとともに年頭御礼（御目見）が許可されていた（『改作所旧記・上編』）。寛文八年（一六六八）には、「竹の間」から「御式台」に移され、一番座・二番座に分けて行われた（「御郡方旧記」）。

（一）奥山廻役の設置

三代利常は幕府への領国絵図（正保絵図）提出に際し、御領境を明確にできず、慶安元年（一六四八）に自ら越後国境の大所村を視察するとともに、大岡・岡田・金森ら奉行に黒部奥山の見分と絵図の作成を命じた。このとき、芦峅村三左衛門・十三郎父子は、右奉行を助けて「さらさら越え」ルートの測量を行った。芦峅村十三郎は承応二年（一六五三）に扶持高二〇俵を受け、殿村四郎右衛門（十村）とともに新川郡山廻役となり、寛文三年（一六六三）から山廻代官も務めた。このように、奥山廻役は改作法の施行中に置かれたものの、単に「新川郡山廻役」と呼称される場合が多かった。その後、延宝元年（一六七三）には芦峅村五左衛門・内山村三郎左衛門・吉野村喜左衛門の三人体制となり、宝暦九年（一七五九）には太田本江村覚右衛門・浦山村伝右衛門・三ヶ村嘉左衛門・石田新村平兵衛の四人体制となり、化政期からは奥山廻加人（本役加人）を臨時的に置いた。奥山廻加人は頻発した盗伐に対処して置いたもので、十村・平山廻が兼帯したものであった。奥山廻の業務は黒部奥山の国境警備を第一、縮木（七木）の取締りが第二で、明治に至るまで変動がなかった。

奥山廻役は天明七年（一七八七）に黒部奥山の国境警備を第一として、「二百十日比減水之時節」に入山し彼岸頃までに下山した。黒部奥山は雪解けが遅く、夏になっても水嵩が減少せず、初秋まで入山が困難であった。また、黒部奥山は飛騨・信濃・越後と国境を接する広大な地域で、これを一度に巡回することは無理であり、元禄期（一六八八～一七〇三）からは上奥山と下奥山に分け、それを隔年に巡回した。上奥山は初め針り木峠のあたり、下奥山は黒薙・下駒ヶ岳のあたりまで巡回したが、その範囲は次第に拡大された。上奥山では江戸中期から七木（黒檜＝榀（ねずこ））の盗伐や岩魚の密漁が頻発し、黒部川源流の真砂岳・中岳・鷲羽岳などや後立山（鹿島鎗ヶ岳）まで巡回ルートが拡大された。下奥山は安永四年（一七七五）の三吉（信州の杣人）盗伐事件後に後立山まで拡大されたものの、地形が嶮岨であったため、上駒ヶ岳（白馬岳）・鎗岳のあたりまで巡回した。上奥山と下奥山の境界は後立山であったが、左岸はすべて上奥山に付けられた。文久三年（一八六三）の上奥山廻りは山中で二〇泊（六月二八日〜七月一九日）、安政三年（一八五六）の下奥山廻りは山中で一〇日（六月二七日〜七月七日）を要した。奥山廻役は帯刀し、足軽山廻は逮捕用の手錠と捕り縄を携帯し数十人の杣人足が同行した。天保期（一八三〇〜四三）には巡回ルートの拡大に伴い杣人足が増員され、上奥山廻りが四〇人、下奥山廻りが三〇人となった。彼らは寛政期（一七八九〜一八〇〇）に黒部奥山に近い村々から一定数選ばれ、一人一日一匁四分の日用銀が後日、滑川の役所で支給された。ただ、飯米・衣類・履物・道具（山刀・鉈・鎌）はすべて自弁であった。日用銀が不足した場合には、杣人足を出した村の余荷銀で補った。杣人足を統率した杣人頭（杣頭・指人・杣人足指人）は、登山技術に優れた登山家あり、奥山廻と同様に誓詞を書き郡奉行提出した（『黒部奥山廻記録・越中資料集成12』）。

第三章　植　林

第一節　諸植林

幕藩の植林は、江戸初期以来の建築土木用材・罹災復旧用材・燃材の過大な需要に伴う濫伐や、新田開発に伴う林野の減少などに対処して盛んになった。つまり、その植林政策は、治山治水と林産資源の増産を目的として実施された。加賀藩の植林には、山地植林・砂防植林・並木植林・川土居植林・荒地植林などがあった。

加賀藩では、万治三年（一六六〇）に苗木を無償で下付する規定を定め、越中国川西および加賀国能美・石川・河北郡の農民に初めて松苗・杉苗などを下付した。そして、藩は農民が屋敷地・田畑および野毛山（原野）などに苗木を植栽して山林に仕立てた場合、その利用権を認めていた（『日本林制史資料・金沢藩』）。延宝九年（一六八一）に河北郡の十村が算用場に宛てた上申書には、「一、百姓持山に松木為御植被成候はば、持山御林に罷成、百姓中迷惑可奉存候」とあり（『加賀藩史料』・第四編）、藩は農民が植林した苗木が成育する頃に百姓持山を藩有林・準藩有林に指定編入していた。この頃から、藩は松苗・杉苗などの下付を止め、藩有林・準藩有林の植林を管理する村に一任した。同時に、藩は繰り返し十村・山廻役らを経て藩有林・準藩有林への植林を強く奨励した。山地植林では、植栽後の数年間の下草刈りが何よりも必要であった。このように、藩は江戸前期から山地植林を大いに奨励したものの、成木後に百姓持山を藩有林・準藩有林に指定編入したため、農民の植林意欲を喪失させ、十分な成果を上げることができなかった。結局、藩は明治三年（一八七〇）の七木制度の廃止に際し、七木の伐採手続きが極めて煩雑であったこと、百姓が七木の拝領に期待して熱心に植林をしなかったことなど、その制度の欠陥を自認していた（『日本林制史資料・金沢藩』）。

こうした状況のなか、藩は安永七年（一七七八）に産物方を設置するとともに、年寄役村井長穹（ながたか）を「御領国山林産物しらべ方主付」に任命し、利益になる諸産物を調査させた。産物方は林産物だけでなく、農産物・水産物・工産物なども調査し、産業振興に貯用銀を貸付けたものの、あまり効果を上げないまま天明五年（一七八五）に廃止された。貯用銀の貸付先は、安永一〇年（一七八一）から天明五年まで織物業が第一位、林業が第二位、漁業が第三位、その他が第四位であった（「加越能産物方自記」）。その後、産物方は文化一〇年（一八一三）

と天保一四（一八四三）と文久三年（一八六三）にも設置された。石川郡末村では天明元年（一七八一）に松苗・杉苗を、能美郡安宅浦では同二年に松苗一〇〇〇本を、珠洲郡では同年に松苗三六〇八本・杉苗九〇〇本を、鳳至郡では同年に松苗四五〇〇本・杉苗九〇〇本を、鹿島郡では同年に松苗一万三三五五本・杉苗二五〇本・栂苗四九〇本を、羽咋郡では同年に松苗一万二八一〇本を、砺波郡常国村では同三年に杉苗六四七本を、新川郡印田など七か村では同四年に松苗二五〇〇本を魚津古城跡などの山地に植栽し、その費用を第一次産物方から受け御林山に仕立てた（「加越能産物方自記」）。また、能美郡今江村の十村庄蔵らは、天明元年と寛政二年（一七九〇）に「御林仕立主付」となり、須天・今江・符津・矢崎村などに松苗・杉苗を植栽して御林山に仕立てた。

第一次産物方は織物業を大いに奨励したため、桑苗の植栽が目立って多く、これに漆苗・楮苗・油木苗・竹苗などが続いた。この傾向は、江戸末期に至っても産物方により継承された。ちなみに、漆苗は弘化四年（一八四七）から翌年に加越能三か国で二四万六〇〇〇本が植栽された。藩は枝積「四十五度」以外の山地に赤松苗（一歩に四本）を、「四十五度」以内の山地に竹苗・杉苗を、「九十度」以外の山地に桑苗を植栽するよう指導していた（「加越能産物方自記」）。

ところで、正徳元年（一七一一）に能登国口郡の十村が算用場に宛てた報告書には、「野毛無地之処ニ杉苗申様ニ先年も被仰渡候、（中略）能州之義は海近く御座候故風強、時ニより汐吹上申ニ付杉苗植候而も枯申候」とあり（『日本林制史資料・金沢藩』）、能登国は周囲が海で強風が吹いたため、杉苗をあまり植栽しなかった。このことは、領内に建築用材の杉・檜・档（あて）・栂などが少なく、それらを秋田・南部・津軽・松前藩などの他領から移入し続けたことを示すものだろう。延宝八年（一六八〇）の調査では能登国に草槇が存在せず、天和二年（一六八二）の調査では石川郡田井村に翌檜が一本あった。その後、砺波郡の村々では寛保三年（一七四三）に百姓持山に档苗を、能登国奥郡の山方では天明期（一七八一～八八）に档の小羽板を生産・販売していた（『日本林制史資料・金沢藩』）。なお、広大な面積を占めた中宮山・黒部奥山・常願寺奥山・立山中山などの御林山は、一部を除いて植林に不向きな花崗岩の山地で、その岩山の上に腐植土が僅かに堆積したものが大部分であったから、そのような山地に植栽した苗木が無事に根付いたとしても、成長が大変遅く、他の地域に比べ長い年月を要した。結局、領内の村々では、狭い山地に数多くの苗木を植栽し、伐採適期にある立木を間伐して未成育の樹木と苗木を残し、これらを保護育成することによって山林の天然更新を計った。

並木植林は往還道（街道）の植林で、一般的に松並木と杉並木が多かった。二代利長は、慶長六年（一六〇一）に北国街道の松並木に松苗を植栽した（『加賀藩史料・第壱編』）。その後、藩は天明三年（一七八三）に北国街道の河北郡大樋村から倶利伽羅村までの間に松苗一一七七本を、同五年に能美郡の杉木街道に杉苗一五〇〇を、文化一二年（一八一五）に北国街道の石川郡泉村から五歩市村までの間に松苗二六五五本を植栽した（『加賀藩史料・第拾弐編』）。一里塚・境塚（他領境界）にも松が多く植栽された。往還道の並木は山廻役が管理し、その植栽は村領ごとに村方が行った。なお、往還道の並木に稲架を作ることや馬を繋ぐことは禁止されていた。

川土居植林は川土居（川堤防・川土手）の植林で、雑木・漆・櫨・柳・竹などが植栽された。「公用集」には「川土居所持村々為防川土居ニ雑木植、御田地損不申様兼々可仕」とあり（『日本林制史資料・金沢藩』）、藩は田畑を水害から護るため早くから川土居に苗木を植栽するよう指導していた。これは、一般的に村方の自普請として行われた。苗木は「土地不適」のため生育が悪く、また増水・洪水により流されることもあった。

荒地植林は荒地・無地（野毛・原野）の植林で、松・杉をはじめ「四木」と称した桑・茶・楮・漆が多く植栽された。藩は早くから荒地・無地などに桑苗・茶苗・楮苗・漆苗などを植栽するよう大いに奨励していた。また、寛文三年（一六六三）の「改作方勤仕帳」には、「一、所々明地を見図、木之實をまかせ可申事」とあり（『加賀藩史料・第四編』）、藩は明地に木の実を播くことも大いに奨励していた。文中の「木之實」は「油桐」を指すものではなく、所謂「木の実」全体を指す。その後、産物方も江戸後期に領内各地に「植物方主付」を設置し、領内の荒地植林を熱心に行った。新川郡沼保村では天明二年（一七八二）に桑苗一万四八〇〇本を、射水郡では同年に桑苗一万五七六六本を、能美郡植田村では同年に桑苗三〇〇〇本を荒地・野毛・古城などに植栽した。なお、砺波郡藤橋村与五郎は、同年に実生桑苗一一万七八二五本（うち三万本を献上）、同四年に同四五万二〇〇〇本を井波御林跡地（歩数二万三〇〇〇歩）で養成し領内の村々に販売した。ちなみに、産物方の貸付金額は天明元年から同五年までの合計が銀四六一貫匁余であり、その用途は織物業が銀二二五貫匁、林業が一〇四貫匁余、漁業が六七貫匁、その他が六四貫余であった（『加越能産物方自記』）。

　文久三年（一八六三）には、漆苗一六万六四七五本を領内の各村の荒地に、櫨苗七九一〇本を石川・河北郡や能登国口郡の野毛に植栽した（『産物方御用留』）。漆は日照地・肥沃地・適湿地を好む特用作物で、簡単に荒地・無地に苗木を植栽しても、失敗する場合が少なくなかった。村々では荒地・無地の漆苗が成育した場合、植栽地を共有地でなく個人分割して管理することが多かった。なお、算用場は正徳元年（一七一一）に野毛とともに、百姓の居屋敷廻にも杉苗を植栽するよう能登国の十村中に命じていた（『日本林制史資料・金沢藩』）。

第４表　加越能三か国の並木・川土居・荒地植林

名称	年　　次	国　名	郡　名	場　所	植樹名	本数	備　　考
並木植林	慶長６年（1601）	加賀・越中	諸郡	北国街道	黒松		
	寛文６年（1666）	加賀	河北	北国街道	黒松		松苗４～５尺
	天和元年（1681）	加賀	石川	宮腰往来	黒松		
	貞享元年（1684）	加賀	石川	宮腰往来	黒松		
	貞享元年（1684）	加賀	能美・石川	北国街道	黒松		境塚松
	正徳３年（1713）	加賀	石川・河北	北国街道	黒松		
	天明２年（1782）	加賀	河北	北国街道	黒松	1277	松苗３～４尺
	文化 11 年（1814）	加賀	石川	北国街道	黒松		
	文化 12 年（1815）	加賀	石川	北国街道	黒松	2655	
川土居植林	寛文６年（1666）	加賀	河北	浅野川	黒松		
	元禄 12 年（1699）	能登	鹿島	二ノ宮川	雑木		
	正徳元年（1711）	加賀	石川	大野川	黒松		
	明和６年（1769）	越中	新川	常願寺川	雑木		
	文化 13 年（1816）	三か国	諸郡	諸川	漆木		
	弘化２年（1845）	越中	砺波・射水	庄川	松・杉		
荒地植林	寛文元年（1661）	三か国	諸郡	諸村	桑木		
	寛文２年（1662）	加賀	石川	諸村	桑・楮		
	寛文４年（1664）	加賀	石川	末村	漆木		
	正徳元年（1711）	能登	羽咋・鹿島	諸村	杉木		
	天明元年（1781）	越中	射水	高岡町	桑木	15776	高岡古城等
	天明２年（1782）	越中	新川	沼保村	桑木	14800	
	天明２年（1782）	加賀	能美	植田村	桑木	3000	
	天明２年（1782）	加賀	能美	安宅浦	黒松	1000	
	天明４年（1784）	越中	新川	印田村等	黒松		魚津古城
	文政元年（1818）	三か国	諸郡	諸村	漆木		
	嘉永３年（1851）	能登	諸郡	諸村	漆木		

※『改作所旧記・上中下』『加能越産物方自記』『加賀藩史料』『越中史料』『日本林制史資料・金沢藩』などにより作成。

植林方法には、山林内に自生する天然林（杉・檜・松など）を保護撫育して成林とする方法と人工植林により成林とする方法があり、前者を野生苗（拾い苗）、後者を養成苗（播種・挿木・取木・分根法）と称した。砂防植林・並木植林などの松苗は、山林から抜き取った野生苗が圧倒的に多かった。藩は寛永一四年（一六三七）に石川・河北両郡に「接木畠」を設置し、寛文六年（一六六六）に柿苗三〇〇本と梨苗五〇本を養成した。領内各地では、寛政年間（一七八九〜一八九〇）に杉苗・檜苗・草槙苗などが水質の多い山林中で挿木によって養成された。能登国では、この挿木を「野挿」と呼んだ（「加越能産物方自記」）。次に、加賀藩の苗木養成法を簡単に示す。

播種法―秋に母木から熟した種子を採取し苗畑に播き、稚苗を二度ほど植え替え（床替え）て苗木とした。最も一般的な苗木養成法であった。

挿木法―初夏に母木から枝を鎌・鉈などで斜めに切り取り、それを山地に直接挿入して苗木とした。これは杉・檜・草槙・档などの苗木養成に多く利用した。

取木法―母木下枝を地面に埋め二股の小杭で止め、一年後に根本を切り一本の苗木とした。これは檜・档などの苗木養成に利用した。

分根法―伐採した根を四、五寸ほどに切り畑床に植え込み、水で薄めた人尿をかけて苗木とした。これは桐苗の養成に多く利用した。

第二節　砂防林

浜方村落では田畑・屋敷などを毎冬の飛砂から護るため、早くから黒松苗の植栽を熱心に行った。河北郡大根布村は河北潟の西端に位置し、毎冬飛砂が家屋や耕地を多く埋めたため、寛政五年（一七九三）に全戸七五戸中の三〇戸が本根布村から二五〇間を借地して移転した（『加賀藩史料・第拾編』）。このように、浜方村落は飛砂が田畑・潟・川・家屋などを埋め、村びとの生活を奪ったため、砂防植林を熱心に行ったのである。

砂防植林は江戸前期から石川・河北郡をはじめ、羽咋・能美・江沼・射水郡など領内の海岸部で広く実施された。たとえば、石川郡大野浜では慶安五年（一六五二）から正徳五年（一七一五）にかけて、河北郡白尾浜では承応三年（一六五四）から文政一二年（一八二九）にかけて、同郡粟崎浜では延宝六年（一六七八）から元文元年（一七三六）にかけて、同郡高松浜では元禄一四年（一七〇一）から安政四年（一八五七）にかけて、羽咋郡塵浜では正徳五年（一七一五）から明和元年（一七六四）にかけて、同郡富来浜では寛政三年（一七九一）から天保一五年（一八四四）にかけて、能美郡安宅浜では文化四年（一八〇七）から文久元年（一八六一）にかけて、射水郡氷見海岸では江戸後期から同末期にかけて熱心に黒松苗が植栽された。黒松苗の植栽数は数百万本に及んだという。なお、大聖寺藩領の江沼郡塩屋・瀬越・上木・片野・伊切浜などでも、元禄元年（一六八八）から藩政末期にかけて熱心に黒松苗が植栽された（『加賀藩山廻役の研究』）。

砂防植林は初め「平役」（無償人足役）で行われたが、改作法の施行後は藩費補助による「夫役」で行われるようになった。羽咋郡羽咋・兵庫両村では、正徳五年（一七一五）に補助銀七貫一五五匁余（五か年計画）を、石川郡五郎嶋村では、天明二年（一七八二）に補助銀三四〇匁と村負担銀一六〇匁をもって海浜に黒松苗を植栽した（『羽咋市史・近世編』）。このとき、産物方は地元民を「松苗等植付方主付」に任命し、砂防植林の指導に当てた。河北郡七黒村権十郎・同郡庄村兵右衛門両人は、文久三年（一八六三）に「松苗等植付方主付」に任命された（『日本林制史資料・金沢藩』）。

砂防植林はまず簀垣を設置し、その中に合歓木（ねむのき）・柳・木槿（むくげ）・藤・萩・芒などを植栽したのち黒松苗を植栽する方法が一般的であった。この方法は完成までに五か年を必要とした（『石川県河北郡誌』）。

年　次	国名	郡名	浜名	植　樹　名	本　数	備　考
文政 12 年（1829）	加賀	河北	白尾	黒松		
天保 2 年（1831）	加賀	石川	美川	黒松		
天保 9 年（1838）	加賀	河北	高松	黒松		
天保 15 年（1844）	能登	羽咋	富来	黒松・合歓木	171875	植栽期間 7 か年
嘉永 3 年（1850）	能登	羽咋	今浜	黒松		
安政元年（1854）	加賀	能美	小舞子	黒松・合歓木		
安政 4 年（1857）	加賀	河北	高松	黒松・合歓木	25000	
文久元年（1861）	加賀	能美	安宅	黒松・合歓木		
年代不詳	越中	射水	氷見	黒松		浜地約 58 町歩

※『改作所旧記・上中下』『加能越産物方自記』『加州郡方旧記』『日本林制史資料・金沢藩』『石川県史・第参編』『石川県山林誌』『各市町村史』などにより作成。越中氷見の黒松林は江戸中期に植栽され、江戸後期には「浜御林」と呼ばれた。これは、天保 11 年（1840）に太田村浜領分 3 万 900 歩のうち 1 万 8468 歩が新開地となった（『氷見市史・通史編 1』）。

一年目　簀垣（砂防垣）の新設
二年目　簀垣の修繕、風下に合歓木・柳・木槿・藤・萩・芒などの苗木を新植
三年目　簀垣の修繕
四年目　黒松苗を風下に新植
五年目　黒松苗の補植

簀垣は長さ一〇〇〇間（約一八〇〇メートル）未満のものが多かったが、天保五年（一八三四）富来浜に造作されたものは六六九〇間（約一万二〇〇〇メートル）もあった（『富来町史・資料編』）。黒松苗は長さ一尺五寸から六尺のものまであり、場所に適したものを一本ずつ支柱の小竹を添えて植栽した。河北郡粟崎浜では、延宝六年（一六七八）に柳一〇〇〇株・合歓木一〇〇〇株・木槿一一〇〇

第5表　加越能三か国の砂防林

年　　次	国名	郡名	浜名	植　樹　名	本　数	備　　考
慶安5年（1652）	加賀	石川	大野	黒松・合歓木		
承応3年（1654）	加賀	河北	白尾	黒松		
寛文元年（1661）	加賀	河北	白尾	黒松		
延宝4年（1676）	加賀	石川	大野	芒	300	単位は株
延宝6年（1678）	加賀	河北	粟崎	合歓木・柳・藤	3395	木槿・竹も植栽
延宝7年（1679）	加賀	河北	木津	黒松		
貞享 元年（1661）	加賀	石川	大野	黒松		
元禄12年（1699）	加賀	石川	大野	黒松	2000	松苗4～6尺
元禄13年（1700）	加賀	河北	粟崎	黒松	1000	松苗4～5尺
元禄14年（1701）	加賀	河北	粟崎	黒松	2000	松苗3～4尺
元禄14年（1701）	加賀	河北	高松	黒松	1000	松苗2～3尺
元禄15年（1702）	加賀	河北	粟崎	川柳	5189	柳苗3～4尺
元禄16年（1703）	加賀	河北	粟崎	黒松	1500	
元禄17年（1704）	加賀	河北	粟崎	黒松	1500	
正徳元年（1711）	加賀	石川	大野	黒松・合歓木		
正徳2年（1712）	加賀	河北	粟崎	黒松	3000	松苗4～5尺
正徳5年（1715）	能登	羽咋	塵	黒松	20400	
正徳6年（1716）	加賀	河北	粟崎	黒松	1000	
享保17年（1732）	加賀	河北	黒津船	黒松	1000	
元文元年（1736）	加賀	河北	粟崎	黒松	1000	
元文2年（1737）	能登	羽咋	塵	黒松		
宝暦3年（1753）	能登	羽咋	塵	黒松		
明和元年（1764）	能登	羽咋	塵	黒松		
天明元年（1781）	加賀	石川	大野	黒松	1000	浜地1町歩余
天明6年（1786）	加賀	河北	白尾	黒松		
寛政3年（1791）	能登	羽咋	富来	黒松		
寛政7年（1795）	能登	羽咋	富来	黒松		
享和3年（1803）	能登	羽咋	富来	黒松・合歓木		
文化4年（1807）	加賀	能美	安宅	黒松	190000	浜地57町歩余
文政2年（1819）	加賀	河北	白尾	黒松		

株・竹二〇〇株など合計三三〇〇株が、享保二年（一七一七）に長さ一五町（約一六〇〇メートル）・幅三町（約三〇〇メートル）に黒松苗とともに、萩七四〇株、芒五六四株、合歓木多数などが植栽された（『日本林制史資料・金沢藩』）。なお、「改作所旧記」の享保三年六月七日条には、「一、粟崎村領御松林之内ニ、先年為御蒔被成候由ニ而祢ふノ木多ク御座候」とあり（『改作所旧記・下巻』）、合歓木については黒松苗・柳・萩・芒などと植栽される場合と、その種を蒔く場合があった。植栽地は一時的に「鎌留」となり、黒松苗が成長するまで住民の立ち入りが禁止された。すなわち、植栽地の黒松苗・合歓木・柳・木槿・藤・芒・萩などを保護するため、草刈りや苔の採取も禁止された。

せっかく植栽しても、黒松苗の多くは飛砂によって埋まり、翌年には砂防垣の修理とともに黒松苗を補植せねばならなかった。また、成木になった黒松も松付虫（松毛虫＝マツカレハ）のため枯れ、藩は松付虫の駆除を御林山近くの村々に命じた。能登口郡外浦諸村では、安政六年（一八五九）六月から男松に松付虫が付いて立ち枯れし、さらに鹿島半郡の御林山へも移り、各山で夥しい損木が発生した。そのため、算用場は山奉行を経て十村・山廻役などへ御林山への木苗植栽を命じた（『日本林制史資料・金沢藩』）。なお、支藩の大聖寺藩では、享保一〇年（一七二五）六月下旬に日末村が人足四〇人をもって、また同年一〇月中旬には富塚村が二七〇人、片山津村が一六三人、潮津村が一四六人をもって各村領の松山で松付虫を駆除していた。ただ、これは人の手でする仕事であり、余り効果がなかった（『加賀市史料五』）。

【第二部】　木材生産

第一章　用　材

江戸時代において用材は、建築土木用材のほか、農具や船・漁具の製造用材、樽・桶用材、漆器用材、家具や木箱の製造用材など様々な需要があった。本章では、用材のなかでも最も需要の多かった建築土木用材と、加賀藩の特産品であった漆器の製造に利用された漆器用材を取り上げる。

第一節　建築土木用材

(一) 建設ブームと用材需要の増加

江戸時代において建築土木用材は、城下町の武家屋敷・寺社・町屋などの建設や農村・漁村の一般家屋の建設、火災・水害などの罹災の復旧、道路・河川整備などに利用された。木材需要は、幕府や藩に限られたわけではないが、本節では資料的制約から幕府や藩が利用した御用材を中心に建築土木用材の生産・流通をみることにしたい。

建築土木用材には様々な用途があったが、とくに江戸初期には戦国時代から続く築城ブームにより、城下町建設のために多くの用材が伐採された。徳川幕府のケースをみてみると、江戸城の建設に七〇〜八〇万石（一石＝一〇立方尺）、大坂城の建設に一〇〜二〇万石、名古屋城の建設に一〇万石以上の用材を必要としたという（児玉幸多編『体系日本史叢書11・産業史II』）。こうした用材需要に対応するため、幕府は尾張・紀伊・土佐などの諸藩に用材を献納させる一方、中部林業地帯の木曽山をはじめ、伊那山・飛騨山や伊豆の天城山などを領有した。

慶長五年（一六〇〇）に幕府の直轄地になった木曽山は、元和元年（一六一五）に尾張藩領となったが、それ以降も幕府の用材が伐採され、その頃から過伐が進み、寛永初期には本谷筋に「尽き山」が目立ち始めた。木曽山からは、万治元年（一六五八）から寛文元年（一六六一）までの四年間に、少なくとも二五四万三〇〇〇本余（年平均六三万五五〇〇本余）の木材が伐採され、このうち一六四万五八〇〇本余が山村甚兵衛による出材、三五万八五〇〇本余が商人手前金仕出材（商人による運上仕出材）、一二万二四〇〇本余が角倉採運材（御用商人の角倉与一による伐採・運搬材）で、さらに四一万六二〇〇本余が裏木曽（美濃国三か村）・三浦山（木曽奥山）材であった。これらは、同期間に尾張藩の貯木場であった熱田の白鳥木場へ運搬された木材（二七五万八五〇〇本余）の九二％を占めていた。こうして木曽山の伐採が進行したため、尾張藩は寛文五年（一六六五）に山林管理のため材木役所を設置し、宝永五年（一七〇八）に禁止木制を設定して檜・椹・明檜・槇を停止木に指定した。その後、寛文五年（一六六五）から安永四年（一七七五）までの一一〇年間には、一億七六四一万本余（年平均一六〇万三七九〇本余）が生産されたという（所三男『近世林業史の研究』）。

木曽山が尾張藩領となって以降、幕府は用材の確保のために飛騨山に早くから着目し、元禄五年（一六九二）に金森頼旹（よりとき）を飛騨国から出羽国上ノ山へ移封して直轄地（飛騨代官を置く）とした。その後、幕府は享保九年（一七二四）に飛騨国の御林を調査し御林が一三九か所にとどまり、その大半が百姓持山同様に扱われていることに驚き、三年後に再調査を実施して新たに四四八六か所を改め出し、合計四六二五か所の御林を御林帳に登記したという（西川善介『林野所有の形態と村の構造』）。飛騨国では、この頃から宝暦期（一七五一～六三）にかけて山林伐採が町人請負から次第に地元民による元伐に移り、南方（増田郡一〇〇か村と大野郡一三か村を指す）や、北方白川山・北方高原山（南方以外の村を北方と呼ぶ）などで元伐が本格化した。元伐の木材数は、宝暦一〇年（一七六〇）に角・平物と板子が各五〇〇〇本余、榑木が二〜三万本で、これら幕府の御用木は、南方材が飛騨川を利用して尾州白鳥港（のち勢州桑名港）へ、北方材が庄川・神通川を利用して越中伏木港・東岩瀬港に川下げされ、さらに江戸・大坂・清水などへ海上輸送された（『岐阜県林業史・上巻』）。

（二）加賀藩における用材生産

加賀藩でも金沢城・七尾城・小松城・大聖寺城・富山城・高岡城などの新築・修築に大量の用材が必要であり、領内だけでなく、南部・津軽・秋田・大坂・飛騨など他国他領にも求められた。七尾城の新築用材は、天正一一年（一五八三）に藩祖前田利家により能登国の各村から輸送された（『加賀藩史料・第壱編』）。また、富山城の修築用材は、二代利長により慶長一二年（一六〇七）に能登国羽咋郡や飛騨国横山などから、高岡城の新築用材は同一四年に越中国五箇山・能登国・飛騨国などから調達された（『加賀藩史料・第貳編』）。さらに、金沢城の修築用材は、慶長一八年（一六一三）に秋田藩（三〇〇〇本）、元和七年（一六二一）に大坂、寛永八年（一六三一）には加賀国の宮腰湊（材木数万・末口物数千）より他領産材が調達された（『加賀藩史料・第貳編』）。また、金沢の木呂師由兵衛は江戸初期に運上銀を上納し、加賀国江沼郡大土村の「一ノ原」という谷間に小屋数十を建て、人足数千人を雇い入れて金沢城の修築用材（檜・

杉・松など）を多く伐採したという（『芨憩紀聞』）。

築城用材以外にも、寺社建設用材や道路・橋建設用材などの木材や、徳川幕府による普請助役としての木材需要も増加した。文禄三年（一五九八）の伏見城の修築用材（ほうろく一〇〇本・榑木三〇〇〇荷・料木二〇〇〇本）は越中国五箇山から（『加賀藩史料・第壱編』）、寛永六年（一六二九）の越中国砺波郡埴生八幡宮の再建用材を飛騨国から（『富山県史・史料編Ⅳ』）、同八年の神通川の船橋用材（船五二艘分）は秋田藩から調達された（『日本林制史資料・金沢藩』）。越中国五箇山の十村市助は、万治三年（一六六〇）から寛文元年（一六六一）にかけて銀六四貫一七五匁余（人夫三万七八五六人の日用銀・食料費）をもって越中国五箇山・飛騨国から木材六四七〇本を伐採・川下げし、寛文二年から同五年には銀四七貫七七七匁余（人夫二万五八六四人の日用銀・食料費）をもって飛騨国から新規木材一四五〇本および前年の沈木三一三四本を川下げした。さらに市助は、寛文六年に銀一一貫五九四匁余（人夫七八〇八人の日用銀・食料費）をもって越中国五箇山から三二本と前年の沈木二〇五三本を川下げした（『富山県史・通史編Ⅲ』）。

右のように、他国のうち重要な調達先であった飛騨国の木材は、主に台所木（領主の生産材）であった南方材よりも、商人請負木生産が中心であった北方材が移入され、加賀藩からは米・塩・四十物などが移出された。飛騨材は領内の重要な調達先であった越中国五箇山材とともに庄川を川下げされ、流木検分役の手を経て庄川原で流木奉行に渡され、砺波郡金屋岩黒・中野・戸出村にあった御囲場（木囲場）に収納されたのち、藩の指令によって高岡町や金沢城下へ搬出された（『富山県史・史料編Ⅳ』）。また、御用材以外にも、白木類（材木・榑木・板など）が飛騨国高山町の白木商人により領内の越中国や信濃・美濃・越前国などへも販売された（高瀬保『加賀藩海運史の研究』）。

しかし、飛騨材（北方材）は、元禄五年（一六九二）の飛騨国の天領化に伴い、庄川・神通川を利用して伏木・東岩瀬港へ川下げしたのち江戸・大坂・清水港へ輸送された。その結果、飛騨材は加賀藩領内を素通りすることが多くなった。たとえば、延享二年（一七四六）には檜角物四七六六本、板子一三六一枚、丸太二万五三〇九本、榑木三万二九一三本などが伏木港へ、宝暦一〇年（一七六〇）には角平物二〇一一挺、板子三九〇五枚、榑木三万三六七五挺などが東岩瀬港へ川下げされていた。また、明和二年（一七六五）に幕府の飛騨代官所は、角平物・板子七四七〇挺、榑木五〇〇〇挺の川下げ経費として六二二両余を計上していた。このほか飛騨材は、宝暦一一年（一七六一）に比叡山や日吉神社（坂本）の修理用材（三四〇〇丁）として神通川を川下げされ、寛政三年（一七九一）には東本願寺の再建用材として庄川を東岩瀬港まで川下げされた（『庄川町史・上巻』）。ただし、北方材の一部は、飛騨国が天領となった後も、加賀藩や越中国の材木商へも販売され、たとえば越中国高岡町の材木商人・鳥山屋平四郎は、享保五年（一七二〇）に北方材を金沢へ輸送した（『富山県史・通史編III』）。ともあれ、飛騨材（北方材）は、江戸末期に毎年一〇万石余が庄川で川下げされたという。

飛騨国と並んで加賀藩の重要な用材調達先になっていたのが、南部・津軽・秋田などの東北地方で、加賀藩は江戸初期から御用材を調達していた。寛文八年（一六六八）に加賀藩は、領内から三〇〇石以上の雇船一二〇艘と水主二〇一八人を徴発し、南部・津軽・能代などから草槇・杉などの用材一一万一八八〇石（角直し木材一四万七六〇六本）を領内の宮腰・安宅・伏木・七尾・魚津港へ移入した（『金沢市史・資料編8』）。元禄八年（一六九五）には、南部・松前から金沢城二ノ丸の建築用材が購入されたほか（『庄川町史・上巻』）、宝暦一〇年（一七六〇）には金沢城再建用材として檜葉材五〇〇〇本（七寸角一〇〇〇本、六寸角一〇〇〇本、五寸角三〇〇〇本）が盛岡藩（南部信貞）から加賀藩へ廻漕された（『加賀藩史料・第八編』）。

また、商人の請負による購入も盛んに行われ、享保一二年（一七二七）に越中国高岡町の材木商人・鳥山屋善五郎は、藩から資金援助を受け、雇船一七艘で南部・津軽・松前などから金三一七〇両で一万五二四二石（松前材七六七二石＝五〇％、南部材四〇三六石＝

二七％、津軽材三五三三石＝一三％）の御用材を領内の宮腰港（六三％）・伏木港（三〇％）所口港（七％）へ移入した。越中国高岡町の材木商人・鳥居屋次郎兵衛は、宝暦二年（一七五二）から同四年まで毎年四〇〇両前後の木材を南部・津軽・松前などから購入し、それを藩や宮腰商人・富山商人に販売した。越中国放生津町の材木問屋・柴屋彦兵衛は、同五年から明和五年（一七六八）にかけて自前の渡海船で松前・南部・津軽・秋田などの木材を移入し、藩の作事場をはじめ、高岡・滑川・水橋・氷見町の商人などへ販売した。柴屋は安永丸（五五〇石）・幸舟丸の渡海船を所有し、享和二年（一八〇二）にも南部佐井・大畑、津軽鯵ヶ沢、松前から木材を購入していた（『加賀藩海運史の研究』）。

このほか、享保二〇年（一七三五）頃から寛政六年（一七九四）まで御作事方木材御用を務めた加賀国粟崎の木屋藤右衛門（材木問屋）は、津軽・南部藩などの藩有林から檜葉・杉などを購入し、それらを御用材として領内に移入した。三代藤右衛門は享保年間（一七一六〜三五）に御作事方木材御用を、四代藤右衛門は宝暦年間（一七五一〜六三）に御作事方材木御用および大坂御廻米御船裁許などを、五代藤右衛門は明和年間（一七六四〜七一）に御作事方材木御用を務めている。また、同国宮腰の銭屋五兵衛は、文化九年（一八一二）に宮腰町の材木問屋を務めたのを機に八〇〇石の松木船を新造し、海運業に本格的に取り組み、南部・津軽・松前などから木材を購入し、それらを御用材として領内に移入した（『金沢市史・通史編2』）。こうして加賀藩は松前・南部・津軽・秋田などから、毎年五〇〇石船三〇艘分の草槇・檜葉・杉・蝦夷松などを御用材や一般用材として明治に至るまで購入し続けた（『日本林制史資料・金沢藩』）。なお、宮腰御囲場の備蓄御材木は、江戸初期から金沢木蔵奉行や作事奉行の要望に基づき、金沢木蔵や各作事場に送られた。このほか、前記の砺波郡金屋岩黒・中野・戸出村や、新川郡岩瀬（のち黒部）、鹿島郡所口（七尾）などにも御囲場があり、金沢木蔵や各作事場へ御材木を送っていた（『日本林制史資料・金沢藩』）。

（三）領内の山林開発

宝暦九年（一七五九）に加賀藩は経済政策の転換を図り、他国用材の買上げを縮小し領内産用材の使用を増加させた。この政策転換の一因となったのは、運搬ルートが困難で伐採事業が遅れていた黒部奥山一帯の開発であった。黒部奥山は杉・榀（ねずこ）（黒檜・姫子）・檜葉などの良材が豊かであったが、屈強な運搬ルートを擁せず、また黒部（くろべ）川の下流に用材の消費地が少なかったため、開発が遅れていた。政策変更に伴い、宝暦九年に藩の作事所は、同年四月に焼失した金沢城および金沢城下（被災戸数一万）の復興材を黒部奥山に求めた

（「加越能産物方自記」）。黒部奥山の伐採方法には、藩の自営的伐採のほか民間の運上伐採があり、前者は、作事所が杣人・木挽き・運材人夫らを雇って御手前山から御用材を伐採するもので、安永五年（一七七六）頃から実施された。後者は原木代に相当する運上銀を徴収して民間業者や地元村に伐採させるもので、施行形式から個人請あるいは村請と呼ばれた。後者については、宝暦一一年（一七六一）に宮腰町の山田屋左平、明和六年（一七六九）に金沢町の守山屋徳右衛門や滑川町の河瀬屋又三郎、安永二年（一七七三）に新川郡の中地山村七郎兵衛や滑川町の尾山屋甚三郎、同五年（一七七六）に高岡町の新屋市兵衛、同七年（一七七八）に魚津町の吉野屋吉右衛門や砺波郡の金屋岩黒村弥右衛門が、黒部奥山一帯の御手前山で伐採にあたっている（『富山県史・通史編Ⅲ』）。

その後、黒部奥山一帯の山林開発は、安永七年（一七七八）に算用場の下に置かれた産物方による産業政策の実施を機に進展した。まず、加賀藩は天明元年（一七八一）に黒部奥山の立山を開発するための基礎調査として、奥山廻数名を立山に派遣した。同年四月には、黒部奥山の小原巣鷹山の御手前山から[木+鼠]枇板一万五〇〇〇束の生産を計画し、[木+鼠]枇板四〇〇〇束・葺屋根板二六〇〇束・桶樽板六五〇束・垣板三〇〇〇束・姫子しし料板四〇挺を生産した。また、黒部奥山さんな引山の御手前山から[木+鼠]枇板一万五〇〇〇束の生産を

第6表　黒部奥山の伐採事業

年　次	伐出人	伐採樹種	伐採場所
宝暦11年（1761）	山田屋佐兵衛（宮腰）	榀・杉	
明和3年（1766）	河瀬屋又三郎（滑川）	榀・杉	城前山
明和6年（1769）	守山屋徳右衛門（金沢）	榀・杉	早月谷
明和6年（1769）	河瀬屋又三郎	榀・杉	長倉山
安永2年（1773）	中地山村七郎兵衛	榀・杉	常願寺奥山
安永2年（1773）	尾山屋甚三郎（滑川）	榀・杉	常願寺奥山葛谷
安永5年（1776）	新屋市兵衛（高岡）	杉・槻・桐	有峰巣鷹山
安永7年（1778）	吉野屋吉右衛門（魚津）	榀・杉	黒なぎ谷
安永7年（1778）	金屋岩黒村弥右衛門	榀・杉	
天明元年（1781）	作事所	榀・雑木（1827本）	黒なぎ・小原巣鷹山・さんな引山
天明2年（1782）	作事所	榀・杉（2739本）	猫又・黒なぎ谷・狸なぎ谷
天明3年（1783）	作事所	榀・杉（3200本）	針ノ木谷・こぬくい谷
天明4年（1784）	作事所	榀・杉	針ノ木谷・滝谷
天明5年（1785）	作事所	榀・杉	樫なぎ谷
天明6年（1786）	作事所	榀・杉	早月谷
寛政5年（1793）	作事所	榀・杉	城前山
文化11年（1814）	太田屋仁助（信州）	榀・桧・椹	信州境
文政3年（1820）	戸出村茂兵衛ら	榀・杉・桧（1500本）	立山熊倒・奥院
文政11年（1828）	金山十次郎ら	榀・杉（1200本）	立山葛ケ谷・湯上ノ谷・岩屋谷
天保6年（1835）	大村屋輪五郎（東岩瀬）	榀・桧（3000本）	信州境
天保7年（1836）	松崎藤左衛門（鷹役）	榀・杉・槻・栂・栃	信州境
天保9年（1838）	中村屋七兵衛（江戸）	杉・桧	信州境

※『日本林制史資料・金沢藩』『黒部奥山廻記録・越中資料集成12』『富山県史・通史編Ⅲ』などにより作成。なお、産物方の役人は「黒部奥山から年間2000本程度を伐採しても目減りしない」と述べ、奥山廻は「黒部川西方から年間200本程度ずつなら、15年～20年伐採しても目減りしない」と述べていた（『黒部奥山廻記録・越中資料集成12』）。

計画し、深山のため𣜌枇板五〇〇〇束を生産したほか、黒部奥山黒薙入から𣜌枇板の生産を計画し、𣜌二〇〇本と雑木一八二七本を川下げした。産物方は、黒部奥山の伐採事業として天明二年（一七八二）から同四年までに銀一七八貫三三三匁ほどを支出し、黒部奥山の開発はかなり成果をあげたものの、森林は著しく荒廃した。なお、産物方は、積極的産業政策の変更に伴い天明五年（一七八五）に廃止された（「加越能産物方自記」）。

　安永・天明以降、加賀藩は再び積極的な産業政策を推進し、文化一〇年（一八一三）に産物方を再興した。すなわち、産物方より命をうけた木材商人らは、主に黒部奥山で御用材の伐採を請け負った。同一一年（一八一四）に金沢町の医者城川哲舟（国産薬種取締主付）は、黒部奥山で山番人二〇人に杉・𣜌・檜葉などを伐採させるとともに、片手間に薬種掘りにあたらせ、亀谷銀山の後見人太田屋仁助らは、金二〇〇〇両の運上銀で二〇か年にわたる伐木を信州町人に請負させた。また、文政三年（一八二〇）に砺波郡の戸出村茂右衛門らは、黒部奥山で杉・𣜌・檜葉など一〇〇〇本、立山奥院など四か所で杉・𣜌・檜葉など五〇〇本の伐採を請け負った。さらに、天保五年（一八三四）に信濃国大町の木材商人は、黒部川東岸の森林に着目し、東岩瀬町の大村屋四右衛門らに伐採の取次方を依頼したほか、同九年には尾張国の商人中村屋七兵衛が、焼失した江戸城西ノ丸の再建材を立山から伐採した。なお、産物方は同七年に遡って黒部山伐出御用主付を置き、早月谷・片貝谷から杣人足九五人を雇い伐木した。このように、それまで未開発であった黒部川東岸の信濃・越後国境地帯からも木材が調達された。ただ、黒部川東岸信濃・越後国境地帯は森林開発の対象となっておらず、信濃側からの盗伐が繰り返されていた（『富山県史・通史編Ⅲ』）。

右のように、加賀藩は、領内の御林や準藩有林からも御用材を多く産出した。黒部奥山一帯以外にも、安政二年（一八五五）に加賀国石川郡の御林から潮除板柵の建造材として松四六八〇本（代銀一貫三九三匁余）を、同五年（一八五八）には同郡野田・有松・円光寺・西泉村などの御林から金沢城本丸の修築材として松一四五本を伐採し、さらに元治元年（一八六二）には同郡牛坂村の御林から鈴見鋳造場・細工場の建築材として松二〇〇本を、慶応二年（一八六六）には河北郡梅田村などの御林から金沢城金谷御殿の建築材として松三一六本を伐採した（『金沢市史・資料編9』）。

ところで、天領白山麓は地理的条件から手取川下流の鶴来・金沢など加賀藩領と経済的な結びつきが強く、早くから林産物などが加賀藩領内へ輸送されていた。白山麓一八か村は白山論争の結果、加賀藩と福井藩の支配を離れて寛文八年（一六六八）に幕府領となった。白山麓では薪木呂（薪用丸太）の生産が衰退したのち、明和期（一七六四～七一）から駕籠などに利用する乗物棒（檜材）・板木・柱などが生産され、加賀藩領内で販売された。管見の限り、白山麓の乗物棒の史料的初見は、明和九年（一七七二）の覚で（「山岸家文書」）、その後、安永八年（一七七九）から文化八年（一八一一）までに「村惣林」や「私持山」で乗物棒（一～一二本）、姫小松・杉・樫の板木（一～五〇挺）や柱（一八～三八本）などが生産されていた。これらは、加賀藩へ通達のうえ同藩領へ輸送され、金沢や鶴来で販売された。なお、御用木は川下げでなく、牛の背負いによって加賀藩領へ輸送されたという（大石学編『首都江戸と加賀藩』）。

以上のように、江戸時代における加賀藩の建築土木用材全体の生産量を知ることはできないが、江戸後期から領内の用材生産は増加していった。御用材については他領からの調達が継続され、領内の生産だけでは領内の需要を満たすことはできなかった。また、本節で考察できなかった農民が利用した用材は、基本的に百姓持山・百姓稼山から伐採されたので（第一部第一章第二節参照）、他領からの移入は御用材ほど多くはなかったと考えられる。なお、明治期には産業化が急速に進展したため木材需要も変化したものの、石川県では明治三三年（一九〇〇）に一般用材八〇万尺〆（約八〇万本）、鉱業用薪炭用材三〇万尺〆、漆器用材三万尺〆などが生産されており、富山県では同年に角材二万五四九六石、丸太材一三万九〇二四石、板材四万七〇六九坪、屋裁板一〇万九九九六束などが生産されていた（加賀藩の用材生産量は石川県江沼郡と富山県婦負郡を除いたものに相当する）。樹種別にみると、明治三八年（一九〇五）に石川県で総計一七万三七七一尺〆のうち杉四八％、松三五％、档（あて）七％、栗五％、その他五％、同三三年に富山県で総計一〇八万一八三尺〆のうち杉五〇％、松四七％、檜一％、その他二％で、両県とも杉・松の割合が高かった（『石川県山林誌』『富山県統計書』）。

第二節　漆器用材

漆器用材は、漆器の木地材として利用された材木を指す。加賀藩では、能登国鳳至郡の輪島塗、加賀国江沼郡（のち大聖寺藩領）の山中塗、金沢城下の金沢塗、越中国砺波郡の城端塗などの著名な漆器が生産され、そのため漆器用材の需要も多かった。

（一）輪島塗

輪島塗の創始時期は明確でないものの、遅くとも室町後期には成立していたようである。

寛文期（一六六一～七二）には、輪島郊外の小峰山で「地の粉」と呼ばれる黄土が発見され、これが塗料の下地として使用されるようになり、後述のように木地材に档（あて）が利用されるようになって、輪島塗は他の追従を許さない堅牢無比の製品になったという。様々な技法も開発され、享保期（一七一六～三五）に彫刻が施されるようになり、明和期（一七六四～七二）には沈金彫（輪島沈金）、文政期（一八一八～二九）には蒔絵技法が開発された（『石川県史・第参編』）。輪島塗の名声は江戸後期に全国に及び、生産量の増加に伴って木地原木の消費量が増加した。

　輪島塗の木地原木には、早くから鳳至郡西保・河合谷・鳳至谷産などの欅（椀木地）・檜・档（指物木地・曲物木地）などが使用され、なかでも档は重要であった。档（貴・阿天）は、能登国における翌檜（あすなろ）の別称で、奥羽・蝦夷地では「ヒノキ」、関東では「アスナロ」、日光では「シラビ」、山城国では「アテビ」、大和国では「アスカベ」、木曽では「アスヒ」と呼ばれて木曽五木の一種であった（仁瓶平二『あて・羅漢柏』）。加賀藩で档が生産されるようになった時期は定かではなく、寛文七年（一六六七）には档や档に類似する草槇が領内に自生していたが（『改作所旧記・上巻』）、延宝八年（一六八〇）に能登国で実施された山林調査によると、草槇は一本も自生しなかったという（『日本林制史資料・金沢藩』）。なお、天和二年（一六八二）に加賀国石川・河北両郡で実施された山林調査によれば、翌檜は石川郡田井村に一本自生していたという（『改作所旧記・中編』）。この档（能登檜葉）には真档（まあて）・草档（くさあて）・金档（かなあて）などの品種があり、それぞれ性質が少しずつ異なっている。いずれにしても、江戸後期には、輪島周辺の村々で輪島塗の木地原木に最も適した真档が多く植栽されていた（『輪島市史』）。

輪島塗の木地原木には、真档材のなかでも良好なものが選択され、膳・折敷・角形盆・重などの盤板や、それらの縁や蓋などに利用されたほか、曲物類にも利用された。盤板は、目廻三～四尺以上・長さ六尺の真档材から一二個以上が生産されたという。また、河合谷・鳳至谷の档材は金档（かなあて）と呼ばれ、反りが少なく、越中筋の檜材とともに指物木地および膳類の鏡板や素材として利用された。

档材は主に輪島周辺の村々で生産されたが、江戸後期には輪島塗の生産増加に伴って不足するようになった。輪島塗の塗師らは、近在の村々から租税上納に困った農民から小木の档を年季山として購入し、自ら確保にあたることもあった。たとえば、文化一五年（一八一八）に鳳至郡河井町の古今屋半四郎は、同郡宅田村四郎兵衛から代銭七貫文で档・杉山一か所（档・杉数百本）を五〇年季で購入した（『輪島市史・資料編第六巻』）。天保三年（一八三二）の「奥郡炭板等調理帳」によれば、こうした档材を含め、鳳至郡では少なくとも年間五〇〇本程度（宅田村三〇〇本、浦上村二〇〇本）の档が漆器用に伐採されていたようである（『林業金融基礎調査報告37』）。しかし、借財方仕法が実施された天保八年（一八三七）には、年季山が売主へ返還されることになり、塗師・指物木地屋にとって木地原木の入手は益々困難になった。

江戸時代の輪島塗向け档材および欅材などの生産量についてはほとんどわからないが、明治三二年（一八九九）には石川県で三万三四六九本（鳳至郡二万八八八三本、羽咋郡三〇五八本、珠洲郡一二一五本、河北郡一三本）の档材が生産され、うち鳳至郡産の七〇〇〇〜八〇〇〇本が輪島塗の木地原木となった。同四一年（一九〇八）には、鳳至郡産や珠洲郡産などの档材八万九〇〇〇間と欅材六万束（一束は椀形四〇個）が使用されたという（『石川県山林誌』）。また、大正初期には、鳳至郡の档植栽面積が約八〇〇町歩（うち七三％が真档）に達していた（『あて・羅漢柏』）。

（二）山中塗

山中塗は、加賀国の大聖寺川上流にあった大聖寺藩領の江沼郡真砂（まなご）村から伝播されたという。すなわち、寛文期（一六六一〜七二）に同村の木地師数人は、木地原木の栃・橅（ぶな）・欅などが減少したため、山中温泉の薬師下に移住したという。正徳五年（一七一五）頃には、総湯から医王寺に続く薬師道に土産店が建ち並び、多くの木地製品が販売されていた（『山中入湯日記』）。宝暦期（一七五一～六三）には「栗色塗」「朱溜塗」と呼ばれる塗物が開発され、さらに文化期（一八〇四～一七）に筋挽の糸目物、文政期（一八一八～二九）には蒔絵の技法が開発された。販路も拡大し、寛政期（一七八九～一八〇〇）に京都・大坂へ、天保期（一八三〇～四四）には名古屋へ、さらに慶応期（一八六五～六七）には大聖寺藩が漆器会所・物産会所を設置して山中塗を保護したため、長崎や江戸まで拡大した（『江沼郡誌』）。

山中塗の木地原木には、橅・栃・欅・桑・槐（さいかち）・朴・桐・栂・梅・桜・柿・椨（たぶ）・柏・合歓（ねむ）・銀杏・紅葉など二〇種が利用された。なかでも乾燥が少ない橅は杓子類、割れが少なく光沢がある栃は鉢物類、木目が美しく艶がある欅・桑は茶器類・盆類に多く用いられた。天保一五年（一八四四）の「加賀江沼志稿」には「山中木地品類名目、郡中第一製造也」と記されているものの、その生産量は明確でなく、少なくとも年間四五〇〇～五五〇〇本の漆器用材を必要としたという（『加賀市史・資料編第一巻』）。なお、明治中期には、口径一寸八分～一尺二寸の素材（丸物）が年間三五〇〇～四〇〇〇梱包（一梱包は粗挽物三〇〇個）使用されたという（『石川県山林誌』）。

江戸後期になると、木地原木は領内（江沼郡西谷・東谷などの村々）だけでなく、他国他領の山林からも伐採された。山中村の文治郎は、安政五年（一八五八）に越前国今立郡薮田村から同郡志津原村の山間部に移り、椀類・盆類の木地製品を製造した。また、山中村の喜三七・喜七郎・甚七・孫四郎などは、万延二年（一八六一）に今立郡志津原村の山間部で椀類・皿類・盆類の木地製品を製造した。彼らは今立郡の村々から木地山を借受け（請山）、数年にわたって当該山林で木地製品を製造し、志津原村の馬宿人足を雇い入れ、加越国境の風谷峠を越えて山中村へ運搬していた（「岡文雄家文書」）。

(三) 金沢塗

金沢塗（金沢漆器）は、寛永期（一六二四～四三）に三代前田利常が京都から高台寺蒔絵師の五十嵐道甫（どうほ）を藩の細工所に招き、技法を伝えたことに始まり、五代綱紀の治世に江戸の印籠蒔絵師の椎原市太夫が招かれて盛んになった。五十嵐氏の系統に属する工人は金沢城下の西部才川方面に住し、椎原氏の門下より出た者は城下の東部浅野川方面に住して、共に精巧緻密な描金を施した藩御用の金沢漆器（貴族工芸）の製作に努めた。寛政期（一七八九～一八〇〇）には五十嵐尚廣・五十嵐指月、文政期（一八一八～二九）には五十嵐春湖・椎原龜之丞、天保期（一八三〇～四四）には米田孫六など名工が続出した。一方、寛永期には江戸から来た塗師の甚兵衛が金沢城下で製作した漆器があり、これも金沢塗と称された。その後、これは大きな発展をみなかったものの、文政期に塗師兵衛や村越某、幕末期に牧太四郎・鷹栖喜右衛門の名工が出現し、生産が盛んになった。

金沢漆器・金沢塗の木地原木には、江戸末期の全盛期に領内産の銀杏・檜・档・欅・桜・楓（かえで）などが、年間二五〇〇〜三〇〇〇本利用されたという（『石川県史』・第参編）。他国他領からの移入状況については不明であるが、輪島塗や山中塗に比較して金沢塗の生産量は少なく、木地原木の多くは領内で自給されていたと考える。なお、明治三七年（一九〇四）頃に石川県では、輪島塗・山中塗・金沢塗などの漆器用材が年間三万尺〆ほど生産されていた（『石川県山林誌』）。

（四）城端塗

城端塗は一五世紀末に蓮如に随行して越中国砺波郡梅原村に定住した佐々木祐玄が始めた漆芸に由来するという。祐玄の曽孫である又太郎之綱は、天正元年（一五七三）に砺波郡城端へ移住し、同郡大工町で塗師屋を家業とし、塗師屋又兵衛と名乗った。一方、砺波郡大鋸村の畑治五右衛門好永は、肥前国長崎から漆絵・密陀絵法を城端に伝え、城端蒔絵の基礎を築いた。好永の漆法は承応三年（一六五四）に塗師屋又兵衛の孫徳左衛門信好（三代治五右衛門）に伝授された結果、治五右衛門塗が城端塗の源流となった。信好は漆絵・弥陀絵法に加えて白漆蒔絵の特色を生み出した。その後、城端塗は六代忠好（一七〇三～七一）の頃から、唐風好みの弥陀絵法から和風好みの白蒔絵法へと変化した。このほか、越中国には、江戸末期に射水郡高岡町の漆工石井勇助が大成した勇助塗（高岡塗）や、延宝六年（一六七八）に富山藩主二代前田正甫（まさとし）に招かれた京都の杣田清輔が大成した富山城下（婦負郡）の杣田塗（螺鈿細工）があった（『富山県史・通史編Ⅳ』）。

城端塗・高岡塗・杣田塗などの木地原木は、多くが砺波郡山見・青島・福光村や、射水郡高岡町近郊や富山城下近郊の山林などで生産された。その樹種は栃・欅などが多く、城端塗で年間三五〇〇～四〇〇〇本、高岡塗・杣田塗で年間二五〇〇～三〇〇〇本が使用されたという。また、新川郡でも木地材の生産が盛んで、安政六年（一八五九）の「諸商売書上」によれば、江戸末期に同郡には木挽二七四人・材木商二七人・木地屋三人・椀屋二人・桶屋二〇二人・批板師三三人・曲物師一三人がいた。木挽を行ったのは、常願寺川水系の高野組、上市川水系の西加積組、早月川から笹川に至る間の上布施組・大布施組・大三位組・五ケ庄組などで、同地域から木地材として栃・欅・檜が伐採されたと考えられる（『富山県史・通史編Ⅲ』）。

第二章　燃　材

燃材（薪・木炭）は、化石燃料利用の制約が大きかった江戸時代において不可欠の燃料で、生活および産業で幅広く利用された。本章では、日用薪炭と製塩業・製陶業の二つの産業用燃材を取り上げる。

第一節　日用薪炭

（一）需要と生産の全国的拡大

薪や木炭は、炊事用や暖房用など生活必需品であった。とくに木炭に比べ生産が容易な薪の需要は多く、人口増加に加え製塩業・酒造業・陶器業などの産業発展達によっても需要が増加した。一方、木炭は、無煙・軽量・耐久高熱性などの特徴があり、建築様式や都市人口の増加、および茶ノ湯の普及などにより需要が増加した。

　全国の人口は、江戸初期の一二〇〇〜一五〇〇万人から一八世紀半ばには約三〇〇〇万人に増加したので、各地で薪炭生産量が増加したと考えられるが、とくに大都市では需要を満たせず、薪炭の移入量が増加した。一八世紀に人口約四〇万人であった大坂には、正徳四年（一七一四）に薪三一〇〇万貫目余（大坂入津品第八位）、元文元年（一七三六）に薪三八〇〇万貫目余（大坂入津品第五位）が畿内や中国・四国・九州などから輸送された。また、一八世紀に一〇〇万人の大都市に成長した江戸では、享保一一年（一七二六）に薪一八二〇万九六八七束（薪問屋の手を経ない武家用は含まない）が関東を中心に全国各地から移入されていた（『享保通鑑』）。

　木炭についても移入量が増加し、大坂では河内・日向・紀伊・土佐・伊予・伯耆・豊後国、江戸では武蔵・伊豆・相模・駿河・甲斐・遠江・常陸・上野・下野・上総・下野・阿波国などが主要な移入先となっていた（『日本木炭史』）。木炭需要の増加を受けて各地で生産が一層盛んになり、紀州の堅炭「備長炭」をはじめ、正徳三年（一七一三）には熊野炭・日向炭・肥前炭・八王子炭・秩父炭や下野・常陸・陸奥・甲斐・信濃国などの堅炭などが生産されていた（『和漢三才図絵8』）。天保一二年（一八四一）には、大坂に木炭一八一万八〇〇〇俵が移入され、江戸では文久元年（一八六一）頃に木炭二三八万二六八〇俵が移入されていた（『大阪経済史料集成・第二巻』）。

また、薪炭需要の増加は、薪・木炭問屋や仲買の数からも知ることができる。たとえば、大坂には正徳年間（一七一一〜一五）に土佐薪問屋（五軒）、熊野薪問屋（六軒）、諸国薪問屋（六軒）、諸国炭問屋（一七軒）などの問屋が五六五五軒あり、天明元年（一七八一）には炭問屋が六八人、炭仲買が約二〇〇〇人であったが、炭問屋は天保一一年（一八四〇）に八七人に増加した。江戸には安永二年（一七七三）に炭薪問屋が一五組（一番組竹・木炭・薪問屋は五二四人）と炭薪仲買が約一〇〇〇人おり、薪炭仲買は嘉永元年（一八四八）に一二〇〇人に増加していた（『大阪経済史料集成・第二巻』）。

江戸において薪炭の確保にあたらなければならなかった徳川幕府は、江戸前期に伊豆国に、天城御林（約四万余町歩）や田中山・小坂・日向・畑毛・縄地・河内・奈古谷・堀之内・相玉などの直轄林を有していた。江戸中期以降、天城御林からは、主に御用炭（天城炭）が生産され、幕府の台所炭や風呂用炭として江戸へ輸送され、宝暦期（一七五一〜六三）から炭生産量一〇万俵に対し苗木六〇〇〇本の冥加植栽が行われた。御用炭の生産量は明確でないが、御用炭請負人の久左衛門は、享和三年（一八〇三）から文化四年（一八〇七）までの五か年間、苗木一万五〇〇〇本（年平均三〇〇〇本）を植栽しており、また当時の御用炭請負人が二、三人であったことから、御用炭の年間生産量は少なくとも一〇～一五万俵であったと考えられる。なお、冥加植栽は御用材請負人によっても行われ、湯ヶ嶋村弥衛門は天明八年（一七八八）から寛政三年（一七九一）までに苗木四万五〇〇〇本、江戸川口町の和泉屋喜兵衛は寛政八年（一七九六）から享和二年（一八〇二）までに苗木七万五〇〇〇本、江戸深川木場の万屋和助は文政元年（一八一八）から同二年までに苗木六六六〇本、湯ヶ嶋村弥衛門は同三年に赤松苗二万本を植栽していた（浅井潤子「御林山における幕府林業政策」）。

（二）加賀藩における薪生産

加賀藩は、石高一〇〇万石を超える大藩で、全国的にみても人口が多かった。領内には金沢・富山（支藩）・高岡・七尾・小松・大聖寺（支藩）など複数の城下町をかかえ、たとえば金沢は江戸中期に人口一〇万人に達し、天明元年（一七八一）には半年間に薪一八二万束・木炭一五万俵が領内各地域から輸送されていた。また北陸地方の冬の厳しい寒さを考慮しても、日用薪炭の需要はかなり多かったのではないかと推察される。

加賀藩は、天正一三年（一五八五）以来、山地子米（山地子銭）を上納した村に対し入会林野の利用権（入会権）を認め（第一部第一章第二節参照）、農民は、各村に帰属する入会林野の百姓持山・自分持山および百姓稼山において薪炭を生産した。薪材は、主に木の幹を利用する太いものと枝を利用する細いものに区別され、農民は前者を枚(ばいた)（鋸で伐る薪）、後者を杪(ほえ)（鉈で伐る薪）と呼び、それらを伐り出す山林を「枚山」「はへ山」や「杪山」「柴山」と称した。第9表に示したように、正保三年（一六四六）に加越能三か国に

第7表　加越能三か国の山役（寛文10年）

国名	郡名	山役	村数	1村平均	総村数
加賀	能美	33,705	114	296	241
	石川	27,642	109	254	317
	加賀	42,596	218	195	265
能登	羽咋	29,709	178	167	200
	能登	19,484	132	148	165
	鳳至	26,975	289	93	296
	珠洲	14,257	111	128	112
越中	砺波	27,949	242	115	513
	射水	15,607	104	150	277
	新川	15,260	208	73	815

※『加能越三箇国高物成帳』（金沢市立玉川図書館）により作成。単位は匁。

第8表　加越能三か国の小物成（天明6年）

郡名	定小物成	散小物成	定散合計	山役	山役割合
能美	39,364	12,002	51,366	29,297	57%
石川	30,877	12,348	43,225	28,622	66
加北	50,103	6,914	57,017	43,559	76
砺波	36,838	7,889	44,727	27,776	62
射水	21,093	30,116	51,488	15,780	31
新川	29,642	14,807	44,449	14,348	32
口郡	53,886	13,555	67,441	48,051	71
奥郡	48,084	16,206	64,290	41,257	64
合計	309,887	113,837	423,724	248,690	59

※天明6年（1786）の「高並小物成手鑑」（金沢市立玉川図書館蔵）により作成。単位は匁、匁以下は切り捨て。口郡は羽咋・鹿島両郡、奥郡は鳳至・珠洲両郡を指す。

第9表　加越能三か国の柴山・杪山（正保3年）

国名	郡　名	柴　山	杪　山	はへ山	薪山割合	総村数
加賀	江沼	22	20	12	40%	134
	能美	59	19	8	41	208
	石川	29	5		15	225
	加賀	108			63	172
能登	羽咋	87		4	49	187
	鹿嶋	74	7	6	58	150
	鳳至	65		104	86	197
	珠洲	20		10	41	74
越中	砺波	130	7	38	36	484
	射水	69			31	226
	婦負	72	12	15	54	184
	新川	68	32		20	489
合　計		803	102	197	40	2,730

※正保3年（1646）の「加能越三箇国高付帳」（金沢市立玉川図書館蔵）により作成。単位は村数。江沼郡の薪山割合には、柴山と杪山を有する7か村と杪山と「はへ山」を有する8か村を、鳳至郡のそれには柴山と「はへ山」を有する1か村を含む。上記のほか、同帳には松山・杉山・小林山・草山なども記す。なお、江沼郡と能美郡の一部は大聖寺藩領、婦負郡と新川郡の一部は富山藩領である。

は、柴山・杪山・「はへ山」などと称する薪山（数や面積は不明）を有する村が四割ほどあった。ただ、「加能越三箇国高付帳」は生産量の少ない薪山を明記していないので、それらを含めれば五割を超えると思われる。

慶安五年（一六五二）の願書には「近年ハ松山ニ成木・柴もはへ不申ニ付、木柴之かせぎを以御山地子銀皆々指上申儀罷成不申ニ付」とあり（『日本林制史資料・金沢藩』）、農民は禿げ山同然の百姓持山・百姓稼山についても山地子銭を上納しなければならなかった。山地子銭は改作法の施行中の承応三年（一六五四）から銀納化され、山役と改称された。このほか、百姓持山には、用益に応じて炭役・

漆役・蝋役・茅野役・薪木呂役などが賦課されたが、百姓持山や自分持山および百姓稼山から伐採された木材の中心は薪材であった。また、藩有林の御林や準藩有林の松山からは、地元の農民や商人の一か年請負（入札）により御用薪材も生産され、藩の各役所に納められた。

山役の納入状況をみると、寛文一〇年（一六七〇）に加越能三か国三二〇〇か村余中のうち一七〇五か村（五三％）に山役が課せられ、小物成四四七貫七七九匁余中の五七％（二五三貫一八四匁）を占めた。国別では加賀国が一〇三貫九四三匁（能美郡三三貫七〇五匁、石川郡二七貫六四二匁、加賀郡四二貫五九六匁）、能登国が九〇貫四二五匁（羽咋郡二九貫七〇九匁、能登郡一九貫四八四匁、鳳至郡二六貫九七五匁、珠洲郡一四貫二五七匁）、越中国が約五八貫八一六匁（砺波郡二七貫九四九匁、射水郡一五貫六〇七匁、新川郡一五貫二六〇匁）で、三か国で広く百姓持山・自身持山が利用されていたことが窺える。薪木呂役（薪木生産費用）は、越中国新川郡の一五か村が一貫三一七匁余（小津町九六二匁、黒谷村二四四匁、蛭谷村一八二匁、伊折村一四七匁、山女村一四五匁、篠川村一四一匁余、境村一三二匁余、平沢村一一七匁余、山崎村五九匁）で（『加越能三箇国高物成帳』）、これら地域でとくに薪木呂の生産が盛んであったことがわかる。

三か国の生産および流通の状況をみると、加賀国では、たとえば石川郡大桑村（延宝五年＝一六七年に薪木呂役銀一四～一六貫匁）は、薪の生産にあたって他村の者が百姓持山に入れる日を一か月に計六日間（五日・一〇日・一五日・二〇日・二五日・二九日）に制限し、それ以外の入山を禁止していた（『改作所旧記・中編』）。また、享保八年（一七二三）に野々市の松任屋三右衛門と権兵衛は、新丁銀八貫匁で石川郡中宮村の村惣林から薪木呂二三〇棚を伐採した（『尾口村史・資料編二』）。こうして生産された薪は、金沢城下で販売されており（『日本農業全集4』）、この背景には、寛文三年（一六六三）に算用場が農民に対し、才川・浅野川の橋詰などでの薪販売を禁止するとともに、振売にて金沢城下で販売するように命じていたことがあったと考えられる（『日本林制史資料・金沢藩』）。販売価格は、金沢城下までの輸送距離に応じて異なり、遠隔地ほど高かった。

能登国口郡（羽咋・鹿嶋郡）では、安永七年（一七七八）に、薪木二一七万束（五四貫匁）、杪・柴四三万束（二六貫八三三匁）、木炭一万一〇〇〇俵（九貫八六四匁）が生産され、薪木は林産物生産額全体の過半を占めていた。また、薪生産量のうち、その四分の一ほどが移出されていた（「羽喰・鹿島両郡産物書上帳」）。奥郡では、天保一三年（一八四二）に薪七万九三八二束、木炭二二万七七九四俵余（蔭聞役の報告では八七四〇俵多い）が生産され、このうち生産

図１　越中国製薪村の分布（江戸後期）

※『富山県史・通史編Ⅲ』により作成。●は村落の位置を示す。

された薪すべてと木炭四万三三一〇俵が輪島・剱地・道下・谷内などの外浦から宮腰・大野港へ販売され、木炭八万九二一俵が飯田・鵜飼・宇出津・鵜川・比良・中居・穴水などの内浦からは越中国へ販売されており（「奥郡炭板等調理帳」）、領内において薪流通が拡大していたことが窺える。

　越中国では、五箇山で享保六年（一七二一）に成出村が五〇〇棚、同一六年～元文五年（一七四〇）に大勘場村が一〇〇棚、文化一〇年（一八一三）に大牧村が三〇間、嘉永元年（一八四八）に田向村が一貫三〇〇匁を庄川の川下げにより伏木港・宮腰港などへ販売していたことがわかる。五箇山に隣接する飛騨国白川郷産の薪も庄川を川下げされ、その一部が越中国砺波郡の金屋岩黒村などで販売された（『庄川町史・上巻』）。こうした庄川の川下げは、金屋岩黒村・青島村の人々により請け負われることが多く、金屋岩黒村には木呂留場が設置されていた。一方、神通川沿いでは、享保六年から同一二年に砺波郡上百瀬川・下百瀬川両村（五〇〇棚）や天明五年（一七八五）に新川郡小原村、さらに寛政一二年（一八〇〇）に小井波・桐谷村（六〇棚）から川下げにより富山城下や東岩瀬港・宮腰港などへ薪が販売された、飛騨国吉城郡からも享保期〜天保期に二ツ屋村（六〇〜一八〇間）や古川村（六〇間）から富山城下や周辺の村々へ薪が販売された（『細入村史・上巻』）。このほか、新川郡の常願寺川・上市川・早月川・片貝川・黒部川・小川・笹川・境川沿いの村々でも、町人請負により薪の川下げが行われ、各周辺の在郷町などへ薪が販売された（『富山県史・通史Ⅲ』『魚津市史・史料編』）。このように、越中国では川下げにより薪が領内に広く流通していた。なお、大聖寺藩においても、享和二年（一八〇二）に山中谷で杪九八六束、荒谷で六七七束、三谷で三九七一束が生産され、大聖寺藩や大聖寺城下へ販売されていた（『大聖寺藩の武家文書5』）。杪一〇〇束の値段は元禄期（一六八八〜一七〇三）に山中谷が六匁四分、荒谷が七匁八分、三谷が五匁八分で、安政四年（一八五七）に山中谷が八匁九分五厘、荒谷が九匁八分八厘、三谷が八匁一分三厘で、三地区において杪代が異なっていた（『加賀市史料五』『大聖寺藩の武家文書5』）。

地理的条件から加賀藩領と経済的な結びつきが強かった天領白山麓では、元禄期（一六六八～一七〇三）から薪木呂を手取川の川下げにより加賀藩領へ輸送されていた。たとえば、元禄一六年（七〇三）に尾添村では村惣林から薪木呂が伐採・川下げされた。また享保一六年（一七三一）に金沢上堤町の玉屋惣右衛門・とうわ屋次郎四郎・木屋又兵衛は、尾添村の村惣林から薪木呂一五六棚を代銀七貫目で伐採・川下げし（『尾口村史・資料編二』）、元文五年（一七四〇）には金沢八幡通の茶屋弥兵衛と大野町の能登屋太兵衛が、島村の大嵐谷山から薪木呂を伐採・川下げしたものの洪水のため大損害を受けた。この失敗を受けて寛保三年（一七四三）に金沢野町の吉光屋市兵衛は、大嵐谷山から薪木呂を伐採・川下げしている。さらに、延享元年（一七四四）に越中国放生津の松屋伊兵衛・増右衛門と同国小杉の長面屋七兵衛は、牛首・風嵐両村の庄屋・長百姓を通して両村の明谷山から薪木呂の伐採を福井藩に願い出た。この伐採事業は金沢山上町の八右衛門（金元）に引き継がれ、「明谷木呂・向原木地」として実施され、寛延二年（一七四九）までに合計三三〇〇本の雑木（松・杉・檜・桐・楢）を明谷山・向谷山で伐採し、鶴来土場まで川下げした（「山岸家文書」）。加賀藩では、慶応三年（一八六七）に至っても御用薪を商人の一か年請負（入札）で天領白山麓から購入していた（『日本林制史資料・金沢藩』）。

（三）加賀藩における木炭生産

木炭も、薪と同様に生活用の需要な燃料であった。木炭を確保するため、天正一〇年（一五八二）に藩祖前田利家は、能登国鳳至・珠洲両郡の炭焼に対し、課役としての木炭の上納を条件に両郡の山林から木炭用材の自由伐採を許可していた（『加賀藩史料・第壱編』）。また三代利常は、元和三年（一六一七）に加越能三か国の農民に対し、一〇〇石当り銀一四〇目で夫役の代わりに夫銭および小役料の上納を許可したものの、炭役・薪役などは現物での納入を義務づけ、寛永一四年（一六三七）には木炭を加賀国石川郡鶴来村・佐良村・吉野村などから調達していた（『日本林制史資料・金沢藩』）。

第10表　加越能三か国の炭役(寛文10年)

国名	郡名	炭役	村数	1村平均	総村数
加賀	能美	460	7	66	241
	石川	397	12	33	317
	加賀	175	11	16	265
能登	羽咋				200
	能登				165
	鳳至	1,658	67	25	296
	珠洲	50	6	8	112
越中	砺波	1,238	8	155	513
	射水				277
	新川	1,079	47	23	815

※『加能越三箇国高物成帳』（金沢市立玉川図書館）により作成。単位は匁。鳳至・珠洲は炭窯役・同壱枚役・同二枚役・同三枚役・同四枚役・同五枚役・同六枚役・鍛冶炭役を、砺波は炭窯二枚役・鍛冶炭役を、新川は炭窯役を含む。

木炭生産に関する炭役・鍛冶炭役・炭窯役・炭窯一枚役～炭窯六枚役などは、寛文一〇年（一六七〇）に加越能三か国三二〇〇か村余のうち一〇三か村（三％）に課せられ、小物成総額四四七貫七七九匁余中の五貫〇五七匁を占めた。国別では加賀国が一貫〇三二匁（能美郡四六〇匁、石川郡三九七匁、加賀郡一七五匁）、能登国が一貫七〇八匁（鳳至郡一貫六五八匁、珠洲郡五〇匁）、越中国が二貫三一七匁（砺波郡一貫二三八匁、新川郡一貫〇七九匁）であった。炭役（普通炭役）は越中国砺波郡の樋之瀬戸村八一二匁で圧倒的に多く、これに加賀国能美郡の大杉村二六九匁、砺波郡の沢川村一四五匁、加賀国石川郡の後谷村九七匁などが続いた。樋之瀬戸村や大杉村では、ほぼ全戸が木炭を製造し周辺都市へ販売していた。このほか、鍛冶炭役や炭窯役・炭窯一枚役～炭窯六枚役などは、能登国鳳至郡（六九か村、一貫六五八匁）・珠洲郡（五か村、五〇匁）や越中国砺波郡（二か村、九〇匁）・新川郡（三七か村、八二四匁）などの納入額が多く（『加越能三箇国高物成帳』）、薪に比較して加工が必要な木炭の生産地域にはやや偏りがあったと推察される。元禄期（一六八八～一七〇三）の「農隙所作村々寄帳」には、木炭生産地として能美郡大杉村、鳳至郡本江・瀧・大角間・武連など四〇か村、砺波郡樋瀬戸・刀根・臼中・漆谷村、新川郡音沢・中江村があげられている（『日本農書全集5』）。

木炭生産の実態についてわかる史料は限られているが、享保八年（一七二三）の石川郡瀬波村の炭焼の様子を知ることができる。瀬波村の農民は、二日間かけて村から炭焼場までたどり着くと、六日間かけて炭釜小屋を設置し、その後二二日間炭焼を行った。その費用は木炭四俵で銀六匁二分三厘九毛（飯米代など六分七厘五毛、味噌塩代一分、炭俵代一分六厘、小屋懸人足代四分三厘、炭四俵持出賃二分六厘、炭四俵山役銀一匁二分七厘四毛、妻子育入用一匁）で、また生産された木炭は五俵（一俵三〇貫目）で銀七匁八分、これに瀬波村から販売先である鶴来村までの駄賃二匁一分八厘を加えて、鶴来着値段は九匁九分八厘であった（『金沢市史・資料編9』）。一俵当りに換算すると、生産費が一匁五分六厘、鶴来着価格が一匁九分九厘六毛となり、四分三厘六毛の利益があったことになる。

こうして各地域で生産された木炭は、領内の金沢・高岡・七尾・小松や在郷町などへ輸送・販売された。天和三年（一六八三）に算用場は、金沢城下の小倉屋平右衛門ら三人に炭問屋を任命し、木炭の売買などを管理させた（『日本林制史資料・金沢藩』）。

一、御城下御焼炭・鍛冶吹炭共、向後他国炭売買私共江被為仰付候、御領国山々炭共も勝手次第人々相対直段相極、売買申様ニ被為仰付可被下候事

一、他国・他領炭之義ハ、私共之外惣而商売買置等一切不仕候様ニ御触被為成可被下候、附御国之者他国・他領江罷越、炭焼出申者是又私共支配仕候様被為仰付可被下候事

一、御国炭私共ゟ下直ニ売申者御座候而、御侍様方・町方共ニ焼炭御買被成候儀者各別ニ御座候御事

一、口銭之儀ハ、五貫目壱俵ニ付三月ゟ六月迄七厘宛ね七月ゟ十月迄ハ壱分七厘宛、十一月ゟ翌年二月迄ハ貳分宛御請仕候御事、但私共方ゟ売出申炭迄之儀口銭受取可申候

一、他国・他領商炭浦々江着船仕候ハバ、私共才許仕候様ニ浦々御申触可被下候、并加州・能州・越中所々炭場所ニ問屋相立、私共買申炭之分売人・買人右場所ニ而売買仕候様ニ被為仰付可被下候、以上

天和三年八月四日

新堅町　小倉屋平右衛門

同　町　水江屋九兵衛

森下町　道金屋長左衛門

金沢城下の炭問屋三人は、天和三年（一六八三）に他国・他領炭および自領炭（御国炭）の金沢城下への自由販売、自領炭の家中および町方への自由販売、炭五貫目（一俵）当り口銭七厘～二分宛の徴収、および加越能三か国の浦々への炭問屋の設置などを許可された。

ただし、寛文八年（一六六八）以来薪炭が常に「津留品」に指定されていたように、木炭

第11表　加賀国能美郡の木炭生産量（明治初年）

村名	普通炭	鍛冶炭	戸 数	村名	普通炭	鍛冶炭	戸数
大杉			383	池城	1,650		29
赤瀬	7,150		52	松岡		300	46
打木	1,650		29	沢	550	150	39
西俣	4,675	7,500	94	出合	1,650		39
尾小屋	4,675	5,100	86	三坂	14,800		44
岩上		150	25	若原	12,925		31
観音下	1,925	240	36	中峠	4,687		34
波佐羅		150	24	嵐	1,175		10
塩原		450	19	上麦口	3,080		31
三ツ谷	1,650		21	下麦口	1,925		21

※『皇国地誌』（金沢市立玉川図書館）により作成。単位は貫。

は加越能三か国に限って津出された、いわゆる「領内留り」の商品であった。たとえば、木炭は能美郡の山方村落から小松や金沢城下へ、石川郡の山方村落から金沢城下や野々市へ、砺波郡の山方村落から福光・井波や城端へ、射水郡の山方村落から高岡・伏木・氷見などに輸送され、炭問屋を通じて領内で流通していた（『改作所旧記・中編』）。

このようにして、加賀藩では木炭の生産・流通が盛んになっていったが、江戸後期になっても、木炭の中心的生産地に大きな変化はみられなかったようである。天明六年（一七八六）の炭役負担地域は寛文一〇年（一六七〇）時とほとんど変わらず、加賀国の能美郡（四三二匁）、石川郡（六四四匁）、加賀郡（一七五匁）、能登国の奥郡（一貫六〇二匁）、越中国の砺波郡（一貫一二六匁）、新川郡（一貫二五〇匁）であった（『日本林制史資料・金沢藩』）。越中国については、宝暦一四年（一七六四）の「砺波郡草木土石産物道橋川淵深沼所等書上帳」にも、元禄期と同様に砺波郡樋瀬戸・刀根・臼中・漆谷村で堅炭が生産されていたことが記されており（『富山県史・史料編Ⅳ』）、その後砺波・新川両郡の山方を中心に木炭が生産されていたという（『日本林制史資料・金沢藩』）。また能登国では、奥郡で天保一三年（一八四二）にも木炭（二二万七七九四俵余）が継続して生産されており、安永七年（一七七八）に木炭一万一〇〇〇俵を生産していた口郡（羽咋・鹿島郡）でも、天保期（一八三〇〜四四）に比較的豊富な山林を有する村々で木炭や薪が生産されていた（「郡奉行手鑑帳」）。

ただし、一九世紀以降になると、おそらく木炭原料材の不足から、生産地内では変化がみられるようになった。加賀国能美郡では、製炭村が寛文一〇年（一六七〇）の六か村から江戸末期に二〇か村に増加し、当所の六か村のうち大杉村を除く五か村は製炭業を廃業したものの、新たに一一か村の製炭村が誕生し、木炭生産が継続された。新たに開かれた村のうち、西俣村は普通炭・鍛冶炭一万二一七五貫目、赤瀬村は普通炭七一五〇貫目、尾小屋村は普通炭・鍛冶炭九七七五貫目を製造して小松へ販売していた（『石川県史資料・近代篇3』）。なお、御用炭（主に松炭）も江戸末期には不足するようになり、文久三年（一八六三）に二二万三二〇〇貫目を製造するために河北郡山方の御林から松木三万三六〇〇本の伐採計画が立てられ、慶応三年（一八六七）には作事所の鉄物類製造に必要な松炭材として、河北郡若松

図2　能登国奥郡製炭村の分布（天保13年）

※『内浦町史・第二巻資料編』により作成。●は村落の位置をを示す。

村の御林山（向おこ谷）から松二〇〇〇本が伐採されたが（『金沢市史・資料編9』）、伐採後は松苗の植付けなど松木の育成に努めなければならなかった。

江戸後期の流通ルートについては大きな変化はなかったと考えられ、木炭は「領内留り」品として、村方から城下町・町方へ輸送された。たとえば、加賀藩では天明元年（一七八一）頃に能美郡沢村の十村源次が、同郡で木炭を生産して御用炭として金沢城下へ販売し（「加越能産物方自記」）、同年に産物方より焚炭等改人に任命された茶屋六兵衛と越中屋次右衛門は、泉町・地黄煎町・野田寺町など九か所に設置された焚炭改所で不正取引の取締にあたるとともに、金沢城下で木炭や薪（年間木炭三〇万俵・薪五二〇万束）を販売した（「加越能産物方自記」）。能登国奥郡（鳳至郡・珠洲郡）

第12表　能登国奥郡の木炭販売量（天保13年）

村名	炭名	数量	村名	炭名	数量	村名	本数	数量
大町泥木	早炭	5,000	久亀屋	炭	800	吠木	炭	少々
鳥越	早炭	500	曽又	炭	3,200	空熊	炭	少々
宗末	早炭	500	鶴町	炭	3,500	大釜	炭	少々
上正力	早炭	100	矢波	炭	2,500	馬渡	炭	少々
二子	早炭	100	俎倉	炭	2,500	藤之浜	炭	450
黒丸	早炭	150	三田	堅炭	2,500	道下	炭	10,800
吉ケ池	早炭	200	最安寺	堅炭	1,000	内保	堅炭	1,500
上山	早炭	2,000	八之田	堅炭	1,000	堀越	堅炭	200
洲巻	早炭	150	神道	堅早炭	1,000	百成	堅炭	350
白滝	早炭	100	木住	堅早炭	1,000	地原	堅炭	500
南山	早炭	400	魚之地・番頭谷内	堅炭	1,000	別所	堅炭	70
寺山	早炭	5,000	宮ノ谷内	堅炭	2,000	荒屋	堅炭	5,000
鈴屋	早炭	500	坂尻・龍	堅炭	300	定広	堅炭	8,000
長尾	早炭	600	菅谷	堅炭	200	小又	堅炭	800
舞谷	早炭	1,000	楠谷	堅炭	250	地蔵坊	早炭	600
西山	炭	1,500	下代	堅炭	500	平野	早炭	1,300
東院内	炭	900	柏木	堅炭	4,000	比良	炭	3,500
西院内	炭	1,500	大田原	堅炭	1,200	中居	炭	30,000
東山	炭	少々	仁行	堅炭	500	洲衛	堅炭	1,000
忍	炭	少々	中	堅鍛炭	900	小泉	早炭	200
名舟	炭	120	大屋本江	炭	少々	市之坂	早炭	800
谷内	炭	5,000	打越	早炭	270	新保	炭	500
預所河内	炭	不詳	熊野	早炭	250	貝吹	堅炭	600
預所黒川	炭	不詳	市之瀬	早炭	600	内屋	早炭	5,000
惣領	炭	800	西脇	早炭	200	木原	堅炭	3,000
大野	堅炭	300	北谷	早炭	400	曽山	早堅炭	300
大箱	堅炭	200	中尾	早炭	300	武連	堅炭	800
当目	堅炭	700	石休場	早炭	1,800	伊久留	堅炭	5,000
五十里	堅炭	400	輪島河井	炭	12,600	本江	堅炭	5,000
十郎原	堅炭	700	輪島鳳至	炭	1000	木戸	堅炭	500
中斉	堅炭	900	房田	早炭	500	鵜川	炭	7,260
天坂	炭	2,600	下黒河	早炭	600	時長	早炭	1,460
五郎左衛門分	炭	1,000	縄又	早炭	1,000	飯田	炭	770
神和住	堅炭	500	滝又	早炭	300	鵜飼	炭	5,907
藤之瀬	炭	300	上黒川	早炭	300	桐畑	鍛冶炭	500
宇加塚	炭	300	円山	早炭	250	小間生	早炭	1,500
本江	炭	1,000	浦上	早炭	600	宇出津	炭	36,097
久田	炭	50	別所谷	炭	少々	剱地	堅炭	1,710

※天保13年（1842）の「奥郡炭板等調理帳」（『内浦町史・第二巻』）により作成。単位は俵。なお、早炭には1俵2貫目～4貫500目入、堅炭には1俵2貫500目～6貫目入、鍛冶炭には1俵3貫目～3貫500目入があった。

では、天保一三年（一八四二）に村々での消費分を除き木炭・薪・板・木材などが金沢城下・宮腰港・大野港や越中国などへ販売されていた。また、薪と同様に、輪島・剱地・道下・谷内などの外浦からは木炭四万三三一〇俵が在郷問屋を通じて産物方や宮腰港・大野港から金沢城下へ輸送され、飯田・鵜飼・宇出津・鵜川・比良・中居・穴水などの内浦からは、木炭八万九二一俵が在郷問屋を通じ越中国へ販売された（「奥郡炭板等調理帳」）。なお、大聖寺藩においても、享和二年（一八〇二）に荒谷・今立・大土・上新保・杉水・九谷・大内・我谷・風谷などの村々で堅炭（六六二八貫七〇〇目）と半堅炭（一九一二貫七〇〇目）が生産され、大聖寺藩や大聖寺城下へ販売されていたが、他領出しは禁止されていた（『加賀市史・資料編第一巻』）。奥山方の村々からは、江戸末期に御用炭が年間四～五万俵ほど生産されという（『東谷奥村林野基本調査書』）。

以上のように、薪や木炭の生産量は加賀藩領内で広く行われており、その流通は加賀藩の津留政策によって、用材とは対照的に領内を中心に行われた。つまり、薪・木炭はほとんど領内で自給されていたと考えられる。なお、生産量については不明な点が多いが、明治期には、石川県で明治七年（一八七四）に木炭一三万俵余、同三三年（一九〇〇）に薪炭材二八〇万二七〇〇尺〆（日用二〇〇〇万尺〆、製塩用四五万尺〆、鉱業用三〇万尺〆、九谷陶磁器用三万尺〆、製茶用一万二七〇〇尺〆、酒造用一万尺〆など）が生産され（『石川県山林誌』）、富山県では同六年に薪一九四万四〇〇〇束と木炭二五万二九八三俵が生産されていた（『富山県統計書』）。

第二節　製塩燃材

製塩業では、海水から作られる鹹水（かんすい）を煮詰めて塩を抽出するために、多量の薪（塩木）が必要で、火力の強い赤松の薪・杪・枯葉（コッサ）などが利用された。

加賀藩では、能登国奥郡（珠洲・鳳至郡）を中心に塩の生産が盛んであった。加賀藩は、慶長一一年（一六〇六）以降に塩釜銭を廃し、塩釜御年貢塩と御国役上塩の二種を定め、寛永四年（一六二七）末に奥郡における塩釜への課税を廃止し、塩士（塩生産者）に生産諸費および食料費として塩手米（しおてまい）を前年に貸与し、翌年の製塩をもって返済させる専売制（塩手米制）を確

第13表　加越能三か国の塩役(寛文10年)

国名	郡名	塩役	村数	1村平均	総村数
加賀	能美	1,444	5	149	236
	石川				317
	加賀	178	5	17	265
能登	羽咋				200
	能登				165
	鳳至				296
	珠洲				112
越中	砺波				513
	射水	1,460	12	152	277
	新川	334	2	167	815

※『加能越三箇国高物成帳』（金沢市立玉川図書館）により作成。単位は匁。能美・加賀は塩窯役・塩運上役を、射水は塩釜役含む。能州四郡は塩手米制を施行。

第14表　能登国珠洲郡の塩生産量

年　代	生産量
文政３年（1820）	196,117
文政４年（1821）	290,912
文政５年（1822）	213,053
文政６年（1823）	280,629
文政７年（1824）	233,420
文政８年（1825）	213,604
文政９年（1826）	253,271
文政10年（1827）	209,097
文政11年（1828）	233,912
文政12年（1829）	256,013

※『石川県珠洲郡誌』（石川県珠洲郡役所）により作成。単位は俵。

立した。この塩専売制は、やがて藩全体に拡大されたが、万治三年（一六六〇）に一旦廃止され、寛文二年（一六六二）に復活し明治四年（一八七一）の廃藩置県まで継続した。塩士は翌年の製塩量を予定して塩手米（定式塩手米）の交付を願い出て、塩手米一石に対し塩九俵（一俵五斗）前後を上納しなければならなかった。もし、塩士の生産量が予定を超えた場合は、塩の豊凶により八俵または八俵半に付き米一石（追塩手米）の割合をもって藩から補償された。彼らは塩の販売を許されず、自家用塩すら各組ごとに春秋両度に貸与を願い出て、一定期間を経て代銭を上納する必要があった。加賀藩は、領内各地に貯蔵倉庫や藩命により塩販売を行う塩問屋を設置するとともに、製塩事業を統括する御塩奉行、御塩裁許所に勤務する御塩裁許人や小代官、製塩地を巡廻して塩の密売を取り締まる御塩吟味人、塩の収納を司る御塩懸相見人などの製塩役職を整備した。このうち、御塩吟味人・御塩懸相見人は、山奉行の下僚に置かれた十村分役の山廻役が兼帯し、塩木の取締りにも当たった（『加賀藩山廻役の研究』）。

いま、塩役・塩釜役などの小物成納入状況から領内の生産地をみてみると、寛文一〇年

（一六七〇）に加賀国能美郡（安宅新・根上・浜・山口釜屋・吉原釜屋の五か村）が一貫四四四匁余、加賀郡（白尾・木津・秋浜・松浜・太郎兵衛塚の五か村）が一七八匁余、越中国射水郡（加納・稲積・阿尾・藪田・小杉・小境・姿・中田・中波・脇・柳田・島など一二か村）が一貫四六〇匁余、新川郡（堺・吉原の二か村）が二六〇匁で、加賀・越中両国の浜方でも製塩が行われていた（『加越能三箇国高物成帳』）。

能登国では、元禄期（一六八八～一七〇三）に奥郡（七三か村）や口郡（四一か村）などで塩が生産され、寛文期（一六六一～七二）の奥郡の年間生産量は約一九万六〇〇〇俵で、加賀藩の総生産量の八七％占めていた。なかでも珠洲郡の年間生産量は一六万八八〇六俵～三一万七六四九俵で、総生産量の八〇％を占めた。安永六年（一七七七）には、能登国の奥郡に一三九七枚、口郡に三一九枚の塩田があり、一六万五二三五俵の塩が生産され、塩手米一万一八六二俵と交換された。塩は米に次ぐ藩の収入源で、天明以降には全領内で年々銀一〇〇〇貫匁前後の利益があったという（「加能越産物方自記」）。能登国の年間塩生産は、江戸後期に最多四七万三二三四俵、最低三万六五一七俵で増減幅が大きかったが、嘉永六年（一八五三）頃に最盛期を迎え、幕末期から明治にかけては年間五〇万俵（二万トン余）が生産されたという（土橋喬雄『封建社会崩壊過程の研究』）。

こうした塩の生産には塩木（塩薪）が不可欠であった。能登国奥郡の製塩村は山がちで、岩浜が多く飛砂が少なかったため、他郡に比べて塩木の確保が容易であったという。それでも、生産費のなかで塩木代が半額を占めた（『輪島市史』）。能登国の揚浜式塩田で使用された膨大な塩木は、ほとんどが能登国の山方の村々から供給され、塩師の多くは、山方の村々から一作請山によって塩木を確保した。次に示す明暦四年（一六五八）の「一作山請証文」は、その一例である（『珠洲市史・第四巻資料編』）。

当壱作請申山之事

一、あし谷山入やすミ場上戸さかいどすが谷之内之かしらゟ上ハきねり坂ノわき迄、山手米四斗五升ニ相定壱作請申所実正ニ御座候、其内御用木若壱本ニ而も猥ニきり取申候者被仰上何分にても越度ニ可被仰付候、為其請状仕所如件

明暦四年三月十四日

寺社村肝煎　長右衛門（印）

同村組合頭　兵右衛門（印）

南山村肝煎　九郎兵衛殿

すなわち、明暦四年に珠洲郡寺社村の塩師らは、山手米（借用賃米）四斗五升を南山村

に納めて塩木を一作請山（あし谷山）の形態で確保した。同村の塩師一一人は、寛文二年（一六六二）にも山手米九斗四升を南山村に納めて塩木を一作請山（あし谷山）の形態で確保していた。このように、製塩村は塩木の確保を供給する山方の村落と強く結びついていた。第一部第一章第三節で述べたように、加賀藩では七木制度と呼ぶ留木制度（禁木制度）の実施により松の伐採が禁止されていたので、塩師らは松の枝や枯れ松葉（コッサ）および雑木を塩木として利用した。正徳三年（一七一三）には、塩木一九束が銀一匁であったという（『日本林制史資料・金沢藩』）。なお、大聖寺藩では七木制度を理由に松の伐採を禁止したものの、枝五～七階を残した下枝の伐採が許可されていた。

　こうして山林から塩木の伐採が進行し、元文五年（一七四〇）の「塩概八俵替願」によれば「薪山次第ニ手遠ニ」なった（『珠洲市史・第四巻資料編』）。江戸後期には、材木商人・杣人などにより近隣の山林で木炭・批板などが生産されたこともあり、塩木の供給先は二～三里も隔てた奥山になった。この頃、塩木の価格は塩一〇〇俵当り米二石五斗から五石に上昇し、そのため塩釜賃銭は塩釜一枚当り四～五貫文から六～七貫文へと高騰した。塩木の確保が難しくなるなか、天明年中の「羽鹿政令」に「御塩薪之外松枝売請願一統指留」とあるように（『日本林制史資料・金沢藩』）、塩師は例外的に百姓持山だけでなく、御林山でも塩木として松枝の伐採が許可された。たとえば、文化一〇年（一八一三）の「村方留書」には「一、私在所享和元年御返被為下候御林山之儀、其後段々百姓難渋ニ罷成御収納不足仕候ニ付、文化元年伐荒シ御塩薪ニ売払、於今に立木壱本茂無御座候」とあり（『珠洲市史・第四巻資料編』）、珠洲郡馬渡村は享和元年（一八〇一）の山方御仕法によって払下げられた御林山を、文化元年（一八〇四）に伐採して塩木として売り払った。また、御林山の雪折・風折・根返り・立枯など損松についても、十村などへの手続きを経て塩木に利用することができた。

以上のように、塩木は伐採の進行に伴って生産地が奥地化したものの、領内で自給されていたと考えられる。生産量については不明であるが、一釜焼上げるのに、三尺縄一括り一束の塩木を、春・秋は三〇束、夏は二〇束が必要であった。大釜一枚で約一〇斗の塩を焼上げると仮定すると、幕末期には加賀藩全体で塩五〇万石を生産していたので、年間一二五〇万束の塩木が利用されたことになる。

第三節　製陶燃材

製陶燃材とは、器や美術品などの粘土製品を窯で加熱する焼成燃材として利用された薪を指す。磁器は陶器に比べて焼成温度が高いので、樹脂の多い赤松の割木が必要であった。加賀藩には越中国新川郡の越中瀬戸焼や婦負郡の丸山焼（富山藩）、金沢郊外の大樋焼や春日山焼、加賀国能美郡の若杉焼、江沼郡の九谷焼や吉田屋焼（大聖寺藩）などの著名な陶器があり、これらの生産量の増加に伴って製陶燃材は増加した。

（一）越中瀬戸焼と丸山焼

越中瀬戸焼は、天正一八年（一五九〇）に二代前田利長が尾張の瀬戸から陶工彦右衛門・孫市を加賀藩に招き、新川郡上瀬村と下瀬戸村で開窯させたものといわれている（『富山県史・資料編Ⅳ』）。寛文一〇年（一六七〇）の村御印によれば、瀬戸役は上瀬戸村四七匁、新瀬戸村一六匁、芦見村三三匁、計九六匁で（『加越能三箇国高物成帳』）、この三か村は越中国の主要な陶業地として繁栄した。瀬戸焼は、加賀藩の御用窯として栄え、江戸後期の最盛期には窯場約一二〇か所を数え、燃材需要は増加した。右の三か村では、燃材である松の伐採の特権が認められており、燃材は近隣の山林から伐採されたと推察される。

丸山焼は、文政末年に婦負郡杉原村の甚左衛門が尾張の陶工勇造とともに、同村の丸山地内に築窯したものである。丸山焼は資金の融通や製品の販路がうまくいかず、わずか五、六年で廃業寸前に陥ったものの、富山藩主八代前田利保の援助により再興された。富山藩は、天保八年（一八三七）に丸山焼の販路に保護を加えるとともに、富山町奉行から肥前唐津焼の移入指止めと丸山焼の使用を申し渡している。最盛期には、住宅・製陶工場・窯場（窯一三）・納屋・土蔵（二棟）などを要し、陶工四七人を数え、客陶工（九谷・清水・伊万里・瀬戸）・絵付師・轆轤師を抱えてたと伝えられている（『富山県史・資料編Ⅳ』）。丸山焼は富山藩の御用窯として特権と保護を得ており、燃材は近隣の山林から伐採されたと推察される。

（二）大樋焼と春日山焼

大樋焼は寛文六年（一六六六）に五代前田綱紀が京都の茶人千宗室を加賀藩に招いた際、同行していた陶工の長左衛門に加賀国河北郡の大樋村で開窯させたものという。開窯当初は、河北郡春日山・法光寺および同郡山上村の陶土と越中の白陶土を混用し、のちには能美郡や京都の陶土も使用した。製品は、初め茶碗・水指など点茶に要する一切の佳品のみを製造したが、のちに火鉢・火入・玩具なども製造し、四代勘兵衛は文政六年（一九二三）に陶製獅子を一三代前田斉泰に献上し、五代勘兵衛は同一一年から毎年、元旦に使用する大福茶碗を献上している。弘化四年（一八四七）には、五代勘兵衛が歩士組列の待遇を受けて禄三〇俵を給わり、陶器御用を命じられた。大樋焼も、藩から燃材として松の伐採を許可されており（『石川県史・第参編』）、近隣の山林が調達先になっていたと考えられる。

春日山焼は、文化四年（一八〇七）に加賀藩が京都の陶工青木木米を招き、金沢郊外の春日山の麓に開窯したものという。春日山焼は翌年の金沢城大火に伴う経費削減のため民営に移り、青木木米も帰京した。その後、肝煎の松田平四郎は、本多貞吉・越中屋兵吉などを雇い春日山窯を継続したが、文化八年（一八一一）には貞吉が、能美郡若杉村の十村林八兵衛により開窯された若杉窯に移ったために衰退し、文政三年（一八二〇）頃に廃窯となった。製品は呉須赤絵風を中心に青磁・染付などがあり、皿類・鉢類の日用品が多かった。なお、若杉窯は文化一三年（一八一六）に藩営となり、明治初年まで唯一の御用窯として継続され、主力陶工の本多貞吉・勇次郎は有田風とともに、古九谷風の色絵物を多く製造した（『石川県史・第参編』）。春日山焼や若杉窯は加賀藩の御用窯であり、燃材は近隣の山林から松が伐採されたと推察される。

（三）九谷焼と吉田屋焼

九谷焼は明暦期（一六五五〜五八）に大聖寺藩祖前田利治の命により後藤才次郎が開窯

したといわれ（『加越能大路水経』）、また二代前田利明の命により有田焼の産地である肥前国唐津に赴いて磁器の技法を習得したともいわれている（『秘要雑集』）。後藤才次郎は、寛永一六年（一六三九）に藩祖利治に仕えて大聖寺に移り、金山奉行の土田清左衛門とともに九谷村に居住し、山師の責任者として九谷金山の開発を行った際に陶石を発見した。才次郎は、藩祖利治の命により磁器製造に取り組んだものの、陶芸知識が乏しかったために思うような製品はできなかった。そこで、才次郎は藩祖利治の許可を得て京都から田村権左右衛門を招き、九谷村で色絵磁器の開発に努めた。苦労の末、田村権左右衛門は明暦元年（一六五五）に初めて花瓶一対を焼き、それを九谷の宮（八幡社）に奉納したようである。九谷焼（古九谷）は大聖寺藩の保護を受けた御用窯で、有田焼の影響を受けた白磁・青磁・青白磁や鉄釉・灰釉を施した日常的な雑器とともに、高級な御用品（一品製品）も製造された。九谷焼は、元禄期（一六八九〜一七〇〇）に加賀藩主五代前田綱紀と大聖寺藩主三代前田利直の命により「制禁」（閉窯）された。制禁の理由は明確ではないが、研究者のなかには「燃材の松が尽きた」ためとする者もいる。京都御菩薩池（みぞろ）の陶人久保次郎兵衛が貞享二年（一六八五）と元禄一三年（一七〇〇）に江沼郡吸坂村で焼いた吸坂焼では、一窯（一回の火入れ）の燃材として松二棚を使用しており（『茇憩紀聞』）、これに比べて規模の大きい九谷焼の窯（一号窯は三四メートル余の連房式登窯、二号窯は一〇メートル余の連房式登窯）は、年間二窯の燃材として松四～八棚を使用したことが考えられる（『九谷古窯第一次調査概要』）。第一部第一章第一節で述べたように、加賀藩は慶長一八年（一六一三）に江沼郡の「九谷山」を御林山に指定していたので、陶工らはこの御林山から松を伐採して燃材に当てたと考えられる。

吉田屋焼は、文政六年（一八二三）に大聖寺町人の吉田屋伝右衛門が能美郡の若杉窯の陶工栗生屋源右衛門を招き、古九谷窯の地で開窯したものである。吉田屋は姓を豊田と称し、代々酒造業・金融業・米商業・茶商業・絹商業・薬種業などを営む家柄町人であった。五代伝右衛門は若杉窯・小野窯・民山窯などの興隆に啓発され、不振続きの家業を再興するため開窯したものの、長い積雪期間と物資の運搬不便のため数年で閉窯した。文政八年（一八二五）に伝右衛門は、家柄町人の米屋次郎作の協力を得て、吉田屋窯を九谷村から江沼郡中野村（山代出村）に移し、翌年開窯した。燃材の薪は中野村から購入され、陶器の生産が開始されたものの経営は悪化し、天保三年（一八三二）に負債を返済できないまま六代伝右衛門は番頭の宮本屋宇右衛門に吉田屋窯を譲渡した（「吉田屋文書」）。その後、吉田屋窯は宮本窯となり、万延元年（一八六〇）に藩の産物方に売却されて九谷本窯と呼ばれた。吉田屋焼は大聖寺藩の準御用窯として保護を得ており、燃材の松は中野村や近隣の山林から伐採されたと推察される。

以上のように、各窯の製陶燃材については不明な点が多いが、いずれも近隣の山林から松が調達され、領内で自給されていたと考えられる。製陶燃材生産量も不明であるが、一窯当り年間燃材消費量が二七二〇束（慶応二年＝一八六六年の美濃国土岐口村の一窯当り年間消費量が一七〇駄＝二七〇〇束（一駄＝一六束換算）と仮定すると（千葉徳爾『はげ山の文化』）、越中瀬戸窯・大樋窯・若杉窯・丸山窯（富山藩）・吉田屋窯（大聖寺藩）などは、年間一回の火入れを基本として文政期（一八一八～二九）から二回火入れしたので、一窯当り年間約二七〇〇～五四〇〇束の燃材を必要とした。

第三章　その他林産物

加賀藩の林産物には、用材と燃材のほかに、楮（和紙原料）・桑、櫨実・山漆実（蝋燭原料）、油桐実、漆、さらに松茸・栗・山椒・薇・蕨・山葵・山芋・独活・煤竹・榧などがある。本章では、建築・土木工事や生活品製造に利用された竹材、生活用品として広く利用された油桐、加賀藩の特産品である漆器製造に不可欠であった漆木を取り上げる。

第一節　竹材

竹材は、建築・土木工事の資材として、また笊・籠・笠・雨傘・箕・笟などの生活用品資材として広く利用された林産物である。

加賀藩で利用された竹には、中国渡来の唐竹（苦竹・真竹）や寒竹・淡竹・矢竹・黒竹などがあり、このうち最も弾力性のある唐竹は、主に建築材や砂防垣材・工芸材（笊・籠・笠・箕・笟）として利用され、薄くて細裂しやすい淡竹は、提灯のひごや団扇・簾などに

第15表　加越能三か国の苦竹役(寛文10年)

国名	郡名	苦竹役	村数	1村平均	総村数
加賀	能美				241
	石川				317
	加賀				265
能登	羽咋		2,202	158	200
	能登	1,279	129	10	165
	鳳至	208	67	3	296
	珠洲	25	2	13	112
越中	砺波				513
	射水				277
	新川				815

※『加能越三箇国高物成帳』（金沢市立玉川図書館）により作成。単位は匁。

最適であった。孟宗竹は、弾力性や曲従性に乏しく比較的用途が少なかったが、矢竹は節が長く強靭で、矢や筆軸・団扇・釣竿・簀の子のほか建築用壁下地として多く利用された。また竹皮も、魚籠蓋・笠類などに利用された。

竹は重要資材であったので、加賀藩は、竹を早くから津留品（津出禁止品）に指定し、寛文八年（一六六八）の御定では唐竹・苦竹の他国他領出しを禁止していた（『日本林制史資料・金沢藩』）。また加賀藩は、御藪の指定や伐採を禁止・制限して竹材を確保した。たとえば、第一部第一章第一節および第三節でみたように、加賀藩では改作法の施行中に御林山・松山などとともに御藪が設置され、万治二年（一六五九）には石川郡の瀬領・熊走・城力・押野村や河北郡の琴・中尾・上平村など一七か所に御藪があった。越中国では、寛文元年（一六六一）に砺波郡の山田野・浅地・鷹栖・伊勢領村や射水郡の市ノ宮・串岡・黒川村などに御藪があり、各村から出された竹巻人足・垣人足・竹子番人などにより管理されていた。

能登国においては、元和元年（一六一五）の定書に「一、不寄竹大小伐採候儀堅停止候」とあり（『日本林制史資料・金沢藩』）、奥郡では寛永四年（一六二七）の早い時期に唐竹が七木に指定されていた。また御藪も設置され、正徳二年（一七一二）に奥郡小間生・六郎木・上大沢・二又村などに御藪があり、享保一七年（一七三二）には奥郡に一四四か所（唐竹御藪八〇・矢篦竹御藪六四）、文化一一年（一八一四）に口郡に二六一か所（唐竹御藪一三七・矢篦竹御藪一二四）の御藪があった（『日本林制史資料・金沢藩』）。御藪からは、後述の河川工事用の竹材や砂防垣材（江戸後期に年間数十万本）などが伐採された。

能登国では、御藪以外の山林や竹藪からも竹材が多く生産された。竹役から生産状況をみてみると、寛文一〇年（一六七〇）に苦竹役が、能登国羽咋郡の一五八か村に二貫二〇二匁、能登郡の一二九か村に一貫二七九匁、鳳至郡の六七か村に二〇八匁、珠洲郡の二か村に同二五匁が課せられており、羽咋・能登両郡を中心に苦竹（唐竹・真竹）が生産されていた。村別にみると、羽咋郡では梨谷小山村が七三匁、大坂村・上野村が六八匁、見田村が六二匁、大福寺村・生神村・館開村・館村が五六匁、矢駄村が五一匁、鹿頭村が四五匁、上田村が四四匁、また能登郡では鵜浦村が六八匁、武部村が六六匁、三宅村が五九匁、大田村が五五匁、坪川村が五一匁、沢野村が四一匁で、これらの村々では他村に比べて苦竹の生産量が多かった（『加越能三箇国高物成帳』）。天明六年（一七八六）の苦竹役は、能登国口郡が三貫五三六匁余、奥郡が一貫六〇二匁で、奥郡では寛文一〇年に比べて七倍以上に激増していた（『日本林制史資料・金沢藩』）。なお、安永七年（一七七八）には口郡で苦竹一万束が生産されていた。また竹皮も生産され、天明元年（一七八一）に産物方から竹皮買請人に任命された能登屋八左衛門と近江屋源兵衛が、一〇貫目に付き代銀八〜一〇匁で買い請けた竹皮を、金沢城下や越中国・能登国の浦方へ販売していた（「加能越産物方自記」）。

川除普請（河川工事）では、堤防を造る竹籠や河川の流勢を変える聖牛（ひじりうし）が必要であったので、川除普請の考察からも竹（御用竹）の生産状況を知ることができる。たとえば、黒部川の川除普請では、おそらく越中国産の竹材が利用され、文化一二年（一八一五）に銀一貫五四二匁（数量不明）、弘化元年（一八四四）に銭一一六三貫二七三文（竹二万二五〇四本）、安政四年（一八五七）に銀二〇貫目（数量不明）が支払われていた。弘化二年（一八四五）の庄川の川除普請（銭八八八貫六六四文・数量不明）、嘉永七年（一八五四）の常願寺川の川除普請（御用竹八三五〇本）、小矢部川の川除普請（御用竹一万一五〇〇本）では、越中国新川郡の十村組により同地域から供給され、同四年（一八五一）の庄川普請では、能登国各郡の村々の持藪から竹材が伐採された（『日本林制史資料・金沢藩』）。

以上のように、加賀藩では能登国と越中国で竹材の生産が盛んであったが、自給はできず、一部は他国他領から移入されていた。河川工事の竹材については、寛政・文化期以降、河道を固定化する総合的な施策が一般化したことから需要が急増したのである。嘉永二年（一八四九）の浦方御定には「此節長州竹等相用御普請方相弁候時節」とあり（『日本林制史資料・金沢藩』）、この頃領内で竹材が不足したために長州竹が移入されていたことがわかる。実際、天保一三年（一八四二）の庄川筋の川除普請では長州豊浦郡栗野から購入され、前述した安政四年（一八五七）の黒部川の川除普請でも長州産竹が購入されていた。また同五年には、越中国射水郡大門新町の六兵衛が新川郡の河川普請竹を長州から購入し、同郡の東岩瀬港へ回送していた。同年の長州産竹の移入量は、射水郡の伏木湊が二一万八〇〇〇本、新川郡の東岩瀬港が一一二〇束で、長州産竹は海運に支えられて加賀藩に輸送され、慶応期（一八六五～六八）には大坂廻米の上方雇船により輸送されていた（『富山県史・通史編Ⅲ』）。

竹材の移入量が増加する一方、領内の供給を増加させるため、加賀藩は文化一一年（一八一四）に百姓持薮から伐採された竹材の移出取締りを強化し、弘化二年（一八四五）には新川郡で「村々持薮竹縮仕法」を制定して御用竹の確保に努めた。翌年には高柳村弥三郎らを竹調理人に任命し、百姓持薮の伐出高を調査させた。嘉永七年（一八五四）には十村に竹取締りに当たらせ、御用竹・商竹だけでなく、雪折竹・伐竹の移動についても取締った（『富山県史・通史編Ⅲ』）。また、文久三年（一八六三）に産物方は「国中惣村数凡参千五百ヵ村」とみて、各産物会所を通して領内の各村に竹苗一〇〇本宛、計三五万本を貸付けた（『日本歴史・第二九九号』）。さらに、明治二年（一八六九）の「御改正方」には「御林地之内枝積四十五度以内へ竹・杉等入交植付方申渡候ハヽ、往々三州川除御普請方にも御用立御益の筋ニも可相成候」とあり（『日本林制史資料・金沢藩』）、藩は幕末に領内の川除普請の竹材不足に対し、御林へ竹を植栽することを大いに奨励していた。

このほか、支藩の大聖寺藩では、安政四年（一八五七）に領内の砂防垣材として真竹二万七〇〇〇本余を山代御藪や向御藪で伐採していた（仮題「作事所記録」）。なお、石川県では明治三三年（一九〇〇）に二万七八三八束（鹿島郡四五％、羽咋郡一四％、鳳至郡一三％、河北郡一一％）の竹材が生産され（『石川県統計書』）、富山県では同三四年に五万二〇二〇束（砺波郡四六％、新川郡三一％、氷見郡八％、婦負郡四％）の竹材が生産されていた（『富山県統計書』）。

第二節　油　桐

桐油は、油桐の実を絞って生産される植物油で、灯油や害虫駆除油のほか、雨合羽・唐傘・障子紙・油団などの塗料として利用された。

油桐の木は、虎子桐・荏桐・山桐・油木などと記され、上総・安房・駿河・遠江・伊豆国などでは「毒荏」「毒荏桐」、加賀・越前・出雲・石見国などでは「油木」「油ノ木」、若狭・丹波・出雲国などでは「ころび」、加賀・出雲国などでは「山桐」、出雲国では「ごろたノ木」、石見国では「どんがら」、伊勢国では「ダマノ木」などと呼ばれた。また桐油は、「きのみ油」「ころび油」「ごろた油」「あかし油」「きり水」「どくえ油」などと呼ばれた。

油桐実の生産は、戦国時代に近江国菅浦や海津で始まり、江戸時代には若狭・越前両国をはじめ、出雲・石見・但馬・丹波・上総・安房・駿河・遠江・伊豆・紀伊国、そして加賀国でも行われた。宝永期（一七〇四〜一〇）の「三壺記」には「元和二年の頃瀧与右衛門と云者、石川・河北両郡の裁許仰付られ、野田道右手の原野に油木数十本植えさせられ、三つ屋の在所に土蔵を立、木の実を取入、御城中の灯油に用之と見え、又今金沢卯辰山の下なる山上町の裏をば、惣名を油木山と呼べり」とある（『加賀藩史料』・第参編）。史料中の「油木」は椨木であった可能性もあるが、加賀藩では江戸前期に金沢城下やその周辺地で油桐実が生産され、城中の灯油の原料とされた。また、宝永四年（一七〇七）の「耕稼春秋」には、加賀国で菜種、越中・能登両国で荏、他国で荏と油木が栽培されていたこと（『日本農書全集4』）、寛政元年（一七八九）の「私家農業談」には、越中国砺波郡で菜種・荏・胡麻・芥子・木綿子・山茶・榧（かや）・売子木（さんだんぐわ）などの搾油作物とともに油木子（油桐実）が栽培されていたことを明記している（『日本農書全集6』）。

その後も、加賀藩の油桐実および桐油の生産はそれほど盛んにならず、支藩である大聖寺藩や近隣の福井藩や小浜藩に比べて生産量は少なかった。そのため加賀藩では、嘉永二年（一八四九）に越中国新川郡の商人が、次のように油桐実の栽培の促進を図っている（『七尾市史・資料編三巻』）。

一、近年菜種油高値ニ御座候故、綿種并木之実油等多相用候ニ付、諸国油木作植仕、大聖寺様御領ニも数多油木作植御座候、然処御領国近年綿種油御免成候得共、未夕油木無御座候間、大聖寺様御領御同様、御領国中御田畑之外浜筋、或者山中川原其外江淵等都而可然御不用之地元ニ油木作植仕、追而実成候上油ニ〆出シ候ハバ、自然惣而油値段も下落仕、第一御国益筋ニ相叶、其上下方一統難有感状仕、暨軽キ百姓之助情ニも相成可申義与奉存候（中略）

一、大聖寺様御領未夕十分ニ植付無御座候様子之所、当時毎年五千石余り実成候由、御

領国ニハ大河原茂数ケ所有之、山中浜方等格別無地之地立多ク相見へ候故、畢竟上り高弐拾万石余植付相成可申候様奉察候（中略）

申十一月

発記人　滑　川　小泉屋太三郎
同　所　川瀬屋重助
東岩瀬　若林屋喜平次

越中国新川郡の商人三人は、大聖寺藩が油桐実を年間五〇〇〇石を生産していることを例にあげ、能登国鹿島郡矢田組の農民に桐油実の栽培を勧めた。彼らは、加賀藩領で油桐実を栽培すれば、多ければ二〇万石の生産が見込めると判断していた。この油桐実の栽培奨励は、「御用鑑」の嘉永三年三月の条に「諸郡之内百姓望之村に油木植付之儀去年申渡」とあるように（『加賀藩史料・幕末篇上巻』）、藩の産物方による施策であり、産物方は新川郡商人三人を勢子方主附に任命し、一郡に一名の御扶持人を補佐役とした。しかし、こうした施策にもかかわらず、土地不相応のため、加賀藩の油桐の植栽はあまり成功しなかった。したがって、加賀藩は大聖寺藩や福井藩から油桐実や桐油を購入し続けなければならなかった。

大聖寺藩では、江戸中期に油屋が油桐実・栴実を福井藩から移入し、それを城下で桐油・栴油に製造して領内に販売していたが、元禄七年（一六九四）以降、領内で油桐実・栴実を栽培し、城下や村方で桐油や桸油を生産した。天保一五年（一八四四）の「加賀江沼志稿」には「油木、三谷ニ多、内ニ曽宇極テ多」とあり（『加賀市史・資料編第一巻』）、油桐実の栽培は江沼郡の曽宇・直下・日谷村が盛んであった。とくに曽宇村の生産が極めて多かった。これ以前、油桐実の生産は直下村が中心地であり、寛政四年（一七九二）には油桐実を貯蔵する藩の小屋が村領に建てられていた（『加賀市史料七』）。大聖寺藩では油需要の増加に伴って領内の山林・山畑・荒地・川土居などに油桐が植栽され、油桐実の生産が本格化した。生産高は明確ではないが、江戸末期に二五〇〇〜三〇〇〇石が生産され、これらを用いて二五〇〜三〇〇石の桐油が生産された。ともあれ、加賀藩は、江戸後期に「大聖寺桐油」を主に害虫駆除油として使用していた。なお、桸実は領内の沿岸部や川岸に自生した桸から採取された。

また小浜藩では、宝永期（一七〇四〜一一）から享保期（一七一六〜三六）に領内の山間地を多く山畑に拓き、油桐を栽培するとともに桐油（若狭油）を増産して京都・江戸・佐渡・大坂・美濃・尾張国などに販売した。明和四年（一七六七）頃には領内に油屋が二〇〇戸ほどあり、領内だけでなく日本海側の出雲・石見・越前・但馬・丹後国などからも油桐実を多く移入し、小浜町を中心に桐油を増産した（『拾椎雑話・稚狭考』）。小浜藩の油桐実の供給地の一つであった福井藩では、江戸前期に本格的に栽培が開始されたと考えられ、享保期（一七一六～三五）には椨実に次ぐ有益な特産物になり（『享保・元文諸国産物帳集成』）、その一部大聖寺藩や加賀藩へ販売された。

以上のように、加賀藩は、大聖寺藩や福井藩から移入によらなければ、領内の桐油需要を満たすことはできなかった。

第三節　漆木

漆は、加賀藩で盛んであった漆器の塗料として利用された。漆木は、漆器用材（第二部第一章第二節を参照）とともに、漆器製造に不可欠な林産物であった。

第16表　加越能三か国の漆役（寛文10年）

国名	郡名	漆役	村数	1村平均	総村数
加賀	能美	995	34	29	241
	石川	293	19	15	317
	加賀	335	40	8	265
能登	羽咋				200
	能登	5	2	3	165
	鳳至	452	119	4	296
	珠洲	65	28	2	112
越中	砺波	97	26	4	513
	射水				277
	新川	311	37	8	815

※『加能越三箇国高物成帳』（金沢市立玉川図書館）により作成。単位は匁。

加賀藩では、加越能三か国で漆が生産された。漆生産量は不明であるが、漆役は、寛文一〇年（一六七〇）に二貫五五三匁（加賀国一貫六二三匁、能登国五二二匁、越中国四〇八匁）から（『加越能三箇国高物成帳』）、天明六年（一七八六）には三貫三四五匁（加賀国一貫三七九匁、能登国五二八匁、越中国一貫四三八匁）に増加した（『日本林制史資料・金沢藩』）。国別にみると、加賀国および能登国ではほとんど変化がみられなかったが、越中国（とくに砺波郡）で急増し、漆生産が盛んになったことが推察される。

注目したいことは、加賀藩最大の漆器（輪島塗）の産地であった能登国鳳至郡の漆役が少なく、また天明六年に至ってもほとんど増加していなかったことである。鳳至郡の谷内村や浦上村中屋などでは、藩の奨励による百姓持山への漆苗の植栽や年季売による藩への漆の実納入が行われていたものの（『輪島市史・資料編第六巻』）、漆器に利用される高品質の漆の生産は行われなかったため、輪島塗の漆は京都や越後・越前などから調達されることが多かったという。たとえば、文政期（一八一八～二九）には、下地・上塗・花塗などの仕訳のうち、上塗・花塗用の漆に京都の芳野漆が利用されていた。越中国の漆器の増加は、化政期頃から城端塗の生産増加が背景にあると考えられる。

一方、領内でも漆器生産の増加に伴って漆需要が増加し、一八世紀後半以降に漆苗の植栽が増加した。加賀国の漆生産の中心地であった能美郡では、天明元年（一七八一）に火釜村清右衛門らが領内における漆木の繁茂と近江・越前などからの漆掻師の流入を指摘し、領内で漆掻きを産物方に願い出て許可されている（「加能越産物方自記」）。文化一三年（一八一六）には、改作奉行により漆苗の植栽が加越能三か国の諸郡の御扶持人・十村へ命じられ、また文政元年(一八一八)の産物方からの植林命令に対して、領内の御扶持人らは、次のように漆苗の植栽を建議している(『加賀藩史料』第一二編)。

今般産物方、植物之儀別而御勢子被仰渡御座候に付、詮議仕候処、漆之儀御国方出来寡く、他方より入漆・入蝋御座候間、何卒山里共相勤め、為植殖申度儀に奉存候。勿論近年格別之被仰渡も有之候而、川除土居等に為御植立、且又所々に而漆苗仕立方も被仰付置候所、右川除土居等御植立之分、当年之永旱に而多枯痛申候間、此所々来春に至り右仕立苗夫々為植移、其外一統村々畠畔・屋敷続・山際等、土味も有之作物にも不指障所に植立候様申渡、百姓持山惣山等可然土地遂詮議夫々為植付、培養方勢子仕度奉存候、近年御士立置之漆苗も夥多におよび居候、来春は所々江引移候様被仰付、尚更此末仕立方之儀も重々被仰渡候者、追々数十万之木数及盛木可申儀に奉存候、左候得者漸々他国入相減、御国方通用自由に相成、村々助益之筋にも相成申儀に御座候間、其節に至り為冥加運上銀為指上度奉存候(中略)

寅十一月

諸郡御扶持人連名

産物方御役所

すなわち、御扶持人らは、領内に漆木が少なく漆や蝋を他国他領から移入していること、近年植栽した漆苗が日照り続きで多く枯れたこと、川除土居だけでなく畑畔・屋敷続・山際などへも植栽すれば、数十万本が育成できることなどを指摘して、漆苗の植栽を許可された。

こうして領内の漆生産が拡大し、輪島塗の製造では、文政期（一八一八～二九）に精製した地漆が利用されるようになった。文政元年（一八一八）には、領内における漆取引が増加したため漆座を設置していたが、同四年には、漆掻師の役銀（鎌役）の納入が円滑に行われなかったことから、漆仲買を通じた漆販売が検討され、これに対し輪島塗師は、仲買を通じた買入れは漆の生産地や掻き時期の相違による「雑漆」の発生を引き起こすので、漆座設置以前の方法に戻してほしいと産物方へ願い出ている。

また漆の売買を増加させる一方で、上層の塗師は漆山を年季請けし、雇った漆掻師が掻き取った漆を用途に応じて使用し、下層の塗師は在方より漆を借りて使用した。天保九年（一八三八）の「産物拝借願状」には、「漆之義も年々苗木植立之分、追々年季ニ買込永久之仕込ニ仕申候」とある（『輪島市史・資料編第六巻』）。山中塗（大聖寺藩）の塗師らも、江戸後期に主に領内（江沼郡）の漆掻師一六人から漆を購入するとともに、自村の山林でも漆を生産していた（拙著『大聖寺藩産業史の研究』）。

漆苗の植栽も継続され、加賀藩による漆生産の奨励策として、弘化四年（一八四四）に「漆苗植付仕法」に基づき、加越能三か国で漆苗購入代金が貸し付けられ、翌年までに漆苗二四万六〇〇〇本が植栽された（『日本林制史資料・金沢藩』）。嘉永三年（一八五〇）には、能登国羽咋郡の漆掻師三人が鎌役一枚（一〇〜一五匁）に付き五匁の上納を条件に、能登国全域の荒地・山畑・土居・畔・無居地などへの漆苗の植栽を産物方に願い出ている（『加賀藩史料・幕末篇下巻』）。文久三年（一八六三）には産物方が、領内各郡に漆苗一六万六四七五本の植栽計画を立て、能登国奥郡（六万二〇〇〇本）や口郡（二万三〇〇〇本）、および越中国新川・射水両郡を中心に植栽された（『石川県林業史』）。

こうした領内における漆器用漆の生産量は増加し、生産量は不明であるものの、それに伴い漆師屋も増加した。たとえば、能登国鳳至郡の鳳至町では、天明七年（一七八七）の一二軒から天保一四年（一八四四）には二八軒（塗師七九人）に増加し、総軒数五六〇軒の約三二％（一七七軒）が漆器関係であった（『輪島市史』）。しかしながら、漆生産の増加は領内の需要を満たせず、産物方御用を務めた加賀国能美郡の犬丸村啓太郎によれば、幕末に至っても「漆、当時御国用不足」の状況であった（「産物方諸事留」）。

おわりに

本書では、加賀藩の林政を、これまでほとんど明らかにされてこなかった木材の生産および移出入状況とあわせて考察した。

第一部「林政」では、山林の種別と山林役職および植林について具体的に考察した。加賀藩は改作法の施行中に藩有林（御林・御藪）・準藩有林（松山・持山林・御預山・字附御林）を設置し、山銭（山役）を上納した村に対し、民有林（百姓持山・百姓持林・百姓林・百姓自分林）の入会権（利用権）を認めた。加賀藩は江戸時代を通じて、藩有林・民有林を問わず松・杉・檜・樫・槻・栂・唐竹などの樹種の無断伐採を禁止した七木制度（禁木制度）を実施した。このうち藩有林・準藩有林は、領内の城廓・役所・神社・寺院や金沢・高岡・七尾・小松など都市の建設用材や、道橋の修改築用材および農民の罹災復旧用材など、主に御用材として利用され、民有林は、建築材・土木材・家具材をはじめ、日用燃材、肥料・飼料・屋根用の草・茅、薙畑（焼畑）や稼山など、主に農民の生活のために利用された。なお、藩有林は用材生産に比べて水源涵養・飛砂防止など国土保全・災害防止を目的にしたものが数のうえで少なく、幕府・諸藩の傾向と異なった（第一章）。

こうした山林の管理に当たったのは、主に山奉行と十村分役の山廻役で、その他の役職と兼務されることが多かった。たとえば、山奉行は、江戸前期に加賀国石川・河北両郡や能登国鳳至郡で郡奉行や御塩奉行と兼務された。山奉行の下僚にあった山廻役は、改作法の施行中に、能登国で御塩吟味人・御塩懸相見人などとの製塩役職と、越中新川郡で黒部奥山の国境警備に当たった奥山廻役と兼務され、また領内各郡で元禄六年（一六九三）から蔭聞役と兼務された（第二章）。

しかしながら、木材の供給や農業に必要な水源の確保のためにも山林管理は不可欠で、山奉行や山廻役を中心に伐採の制限や植林などによる山林の維持が図られた。加賀藩は、江戸時代を通じて、前記の七木制度（禁木制度）を実施し、また農民に松苗・杉苗を無償で下付して植林を奨励した。しかし、植林については、木々が繁茂する百姓持山を藩有林・準藩有林に指定編入したこと、七木伐採の手続きが極めて煩雑であったことから、農民の植林意欲は高まらず、その成果はほとんどみられなかった。この点は、西南諸藩などの部分林制を採用してもよかったかもしれない。ただし、砂防植林は、浜方村落の田畑・屋敷などを飛砂からまもるために明治まで熱心に行なわれた（第三章）。

第二部「木材生産」では、加賀藩林政下での木材の生産および移出入状況を、用材・燃材・その他林産物にわけて考察した。加賀藩は、江戸初期に金沢城・七尾城・小松城・大聖寺城・富山城・高岡城などの新築・修築用材や城下町の建築土木用材を、領内の山林だけでなく、南部・津軽・秋田・大坂・飛騨など他国他領から調達した。たとえば、寛文七年（一六六七）には、南部・津軽・能代などから用材一一万一八八〇本（杉・草槇など）を領内の宮腰・安宅・伏木・七尾・魚津港へ移入していたので、毎年一〇～一五万本の用材が他国他領から移入されたものだろう。宝暦九年（一七五九）に加賀藩は、財政難を緩和させるために政策の転換をはかり、他国産の用材の移入を縮小し、黒部奥山・常願寺奥山・立山中山など領内産の用材（榀・杉・檜など）の使用を増加させたが、これは一時的な政策に終わり、再び他国産の用材を移入した。また、漆器用材については、輪島塗が档（あて）・欅などを中心に年間六〇〇〇～七〇〇〇本、山中塗（大聖寺藩）が橅（ぶな）・栃・欅などを中心に年間四〇〇〇～五〇〇〇本、金沢塗が檜・欅・桜などを中心に年間二〇〇〇～二五〇〇本、城端塗が栃・欅などを中心に年間二五〇〇～三〇〇〇本の木地原木を利用し、これらも領内だけでなく、他国他領の山林からも調達された（第四章）。

一方、燃材については、日用薪炭は飛騨国から年間二〇〇〇棚を移入した薪を除けば、すべて領内の山方で生産され、周辺の小都市へ販売された。たとえば、産物方は、天明元年（一七八一）に中勘だけで薪一八二万束、木炭一五万俵余を金沢へ販売していた。なお、能登国口郡では、安永七年（一七七八）に薪二一七万束、杪四三万束、木炭一万一五〇〇俵を、同奥郡では、天保一三年（一八四二）薪七万九三八二束と木炭二二万七七九四俵を生産し、加越両国の諸港などへ移出していた。また、製塩燃材（塩木）は、幕末に領内で塩五〇万石が生産されていたので、年間約一二五万束（一束三尺縄縛り）が必要であり、製陶燃材は文政期（一八一八〜二九）に越中瀬戸窯・大樋窯・若杉窯・吉田屋窯（大聖寺藩）などの年間二回の火入れ用に、約二七〇〇〜五四〇〇束の赤松の割木が領内の山林から供給されていた（第五章）。

このほか貴重な林産物の一つであった竹材は、御藪で保護され、なかでも唐竹（苦竹・真竹）は弾力性に富み、建築材や砂防垣材・川普請材・工芸材などに適したため、江戸前期から七木（禁木）に指定されていた。能登国口郡は苦竹の中心地域であり、江戸後期に年間一万束を生産していた。これは江戸後期に川普請材として多量に使用され、領内産だけでは不足したので、他国他領から移入された。幕末には、越中国新川郡の川普請材として長州竹三〇万本程が伏木港（射水郡）・東岩瀬港（新川郡）・東水橋港（同上）などに移入された。また、油桐実は、江戸前期に金沢城の周辺で生産され、城中の灯油（桐油）に利用された。江戸後期には、産物方が「大聖寺桐油」（二五〇～三〇〇石）を例に農民に油桐実の栽培を奨励したものの、ほとんど成功せず、支藩の大聖寺藩から桐油を購入し続けた。さらに、漆木は漆器の増産に伴い、江戸後期から他国産漆の増移入に加えて、能登国奥郡や同口郡を中心に領内各地で漆苗数十万本が植栽された（第六章）。

以上のように、加賀藩の林政は、農政の一環として改作法の施行中に成立し、「自給自足による再生産」の精神にそって展開された。すなわち、藩は改作法中に藩有林・準藩有林の設置をはじめ、七木制度（留木制度）の実施、山林管理伐木制限の強化、植林の推進などを行った。しかし、植林は七木制度を厳重に実施したため、農民の植林意欲を削ぎ、砂防林を除けば、江戸後期までほとんど進展しなかった。また、藩は農政に比べて林政に重きを置かなかったため、幕府や諸藩をリードするような山林システムはみられなかった。このことは、加賀国河北・石川両郡の山奉行が郡奉行と、能登国鳳至郡の山奉行が御塩奉行や破損船裁許と兼務されたことや、能登国の山廻役が製塩役職と、越中国新川郡の山廻役が奥山廻役などと兼務されていたことからもわかる。

さらに、城廓や城下町の建築土木用材などを領内の山林だけでなく、他国他領にまで求めるなか、宝暦九年（一七五九）に経済政策の転換を計り、他国用材の買い上げを縮小し領内産用材を増加させたものの、これも一時的な政策に終わり、再び他国他領へ用材を求めた。このように、加賀藩は他国産木材に依存し続けたため、領内産木材の商品化はあまり進展せず、その津出も「領内留り」であり、自給することはできなかった。

別表　全国の林産物生産量

年　　次	林野面積	伐採面積	用　材	薪炭材	（薪）	（木炭）	竹　材
明治32年（1899）	18,934			34,173			5,408
明治33年（1900）	25,378			28,119			5,889
明治34年（1901）	25,246		42,274	19,771			5,515
明治35年（1902）	24,179		34,319	20,089			6,058
明治36年（1903）	23,967		28,145	16,897			5,816
明治37年（1904）	23,191		25,345	17,405			4,718
明治38年（1905）	23,198		22,903	16,404		999	4,859
明治39年（1906）	24,209		27,078	18,298		868	4,815
明治40年（1907）	24,028		31,968	17,702		890	4,994
明治41年（1908）	24,317		26,819	17,629		958	5,229
明治42年（1909）	24,013		25,531	18,812		1,116	5,300
明治43年（1910）	23,243		24,416	16,503		1,165	5,679
明治44年（1911）	22,499		26,315	15,891		1,143	6,181
大正元年（1912）	21,193		26,854	16,411		1,163	5,921
大正２年（1913）	21,084		26,416	18,488		1,298	5,776
大正３年（1914）	21,034		22,984	16,459		1,262	5,429
大正４年（1915）	22,280	216	29,247	15,289		1,320	5,023
大正５年（1916）		228	35,771	16,827			5,512
大正６年（1917）		272	43,423	20,449			6,033
大正７年（1918）	22,293	361	47,723	22,502		1,879	6,151
大正８年（1919）		520	49,740	33,966			6,180
大正９年（1920）		345	42,950	19,611			5,399
大正10年（1921）	22,043	311	44,499	25,300		1,735	5,302
大正11年（1922）		278	40,489	22,131		1,741	5,116
大正12年（1923）		340	49,526	19,864		1,751	5,526
大正13年（1924）	23,215	340	43,782	19,370		1,777	5,238
大正14年（1925）		341	42,869	19,184		1,759	5,247
昭和元年（1926）		[illegible]	[illegible]	[illegible]			

昭和３年（1928）		336	49,593	17,895	61	1,834	5,776
昭和４年（1929）		342	51,511	17,868	59	1,812	5,472
昭和５年（1930）	23,203	349	47,684	17,716	60	1,724	4,900
昭和６年（1931）		370	48,862	18,011	61	1,830	5,006
昭和７年（1932）		419	51,223	18,397	60	1,887	5,192
昭和８年（1933）	23,843	404	56,296	19,031	61	1,978	5,173
昭和９年（1934）		435	64,372	19,929	60	1,448	5,419
昭和10年（1935）		404	65,650	20,270	62	2,194	5,399
昭和11年（1936）	24,186	446	72,138	19,740	59	2,170	5,663
昭和12年（1937）		437	79,394	21,894	71	2,262	5,392
昭和13年（1938）		462	89,346	21,672	63	2,285	5,608
昭和14年（1939）	24,080	506	109,840	23,437	77	2,376	5,631
昭和15年（1940）		540	109,545	29,438	106	2,376	5,705
昭和16年（1941）		637	120,960	47,150	101	2,834	3,921
昭和17年（1942）		709	104,513	48,902	76	2,732	4,604
昭和18年（1943）	22,145	882	137,981	19,562	81	2,263	4,463
昭和19年（1944）		847	129,256	24,563	71	2,062	4,700
昭和20年（1945）		794	75,555	22,782	66	1,567	4,308
昭和21年（1946）	19,698	586	70,205	26,416	60	1,600	3,263
昭和22年（1947）		730	79,557	26,767	68	1,800	3,418
昭和23年（1948）		896	84,912	22,785	75	1,900	4,527
昭和24年（1949）	19,616	787	141,281		67	1,800	4,387
昭和25年（1950）		544	95,738		255	1,866	4,399
昭和26年（1951）	24,952	623	106,989		279	1,964	4,795
昭和27年（1952）		636			293	1,929	5,649
昭和28年（1953）		624			310	2,086	4,863
昭和29年（1954）	24,752						

※『農商務統計表』『農林省統計表』『農林省累年統計表』などにより作成。単位は林野面積・伐採面積が千町、用材が千石、薪炭材が千棚、普通薪が千層積石および百万束、木炭が千屯、竹材が千束である。

著者略歴

山口隆治（やまぐち たかはる）

一九四八年，石川県に生まれる。中央大学大学院修了。

元石川県立学校教頭。文学博士（史学）。

主な著書：『加賀藩林野制度の研究』（法政大学出版局）、『白山麓・出作りの研究』（桂書房）、『加賀藩地割制度の研究』（桂書房）、『大聖寺藩産業史の研究』（桂書房）、『大聖寺藩祖・前田利治』（北国新聞社）など。

桂新書14

加賀藩の林政

定価 八〇〇円＋税

二〇一九年八月五日 第一刷発行

著者© 山口隆治

出版者 勝山敏一

印刷 モリモト印刷株式会社

発行所 桂 書 房

〒九三〇‐〇一〇三

富山市北代三六八三‐一一

TEL（〇七六）四三四‐四六〇〇

FAX（〇七六）四三四‐四六一七

地方・小出版流通センター扱い
